Praxishandbuch SAPscript für SAP® ERP und SAP S/4HANA

2., erweiterte Auflage

Corinna Zollmann

Willkommen bei Espresso Tutorials!

Unser Ziel ist es, SAP-Wissen wie einen Espresso zu servieren: Auf das Wesentliche verdichtete Informationen anstelle langatmiger Kompendien – für ein effektives Lernen an konkreten Fallbeispielen. Viele unserer Bücher enthalten zusätzlich Videos, mit denen Sie Schritt für Schritt die vermittelten Inhalte nachvollziehen können. Besuchen Sie unseren YouTube-Kanal mit einer umfangreichen Auswahl frei zugänglicher Videos:

https://www.youtube.com/user/EspressoTutorials.

Kennen Sie schon unser Forum? Hier erhalten Sie stets aktuelle Informationen zu Entwicklungen der SAP-Software, Hilfe zu Ihren Fragen und die Gelegenheit, mit anderen Anwendern zu diskutieren:

http://www.fico-forum.de.

Bibliografische Information der Deutschen Bibliothek
Die Deutsche Bibliothek verzeichnet diese Publikation in der Deutschen Nationalbibliografie; detaillierte bibliografische Daten sind im Internet über http://dnb.ddb.de abrufbar.

Corinna Zollmann
Praxishandbuch SAPscript für SAP® ERP und SAP S/4HANA – 2., erweiterte Auflage

ISBN: 978-3-960127-80-2

Lektorat: Christine Weber/Anja Achilles

Korrektorat: Dr. Thomas Conrad/Stefan Marschner

Coverdesign: Philip Esch

Coverfoto: © Radachynskyi | ID 858518736 – istockphoto.com

Satz & Layout: Johann-Christian Hanke

2., erweiterte Auflage 2019

URL: *www.espresso-tutorials.de*

Feedback:
Wir freuen uns über Fragen und Anmerkungen jeglicher Art. Bitte senden Sie diese an: *info@espresso-tutorials.com.*

Inhaltsverzeichnis

Vorwort

Ich arbeite seit über 20 Jahren als SAP-Beraterin sowie -Entwicklerin und die Programmierung von SAPscript-Formularen wurde dabei zu meinem Steckenpferd.

1997 habe ich bei meinem damaligen Arbeitgeber das erste Mal mit SAPscript gearbeitet und mir sehr viel durch »learning by doing« erarbeitet. Bereits damals habe ich ein Handbuch zur Erstellung von SAPscript-Formularen vermisst. Es gab und gibt viele SAP-Onlinedokumente zu diesem Thema, jedoch nichts, was meinen Bedürfnissen entsprach.

Und somit war die Idee geboren, einfach selbst ein SAPscript-Buch zu schreiben. Es hat viele Jahre gedauert, bis ich diese Idee umgesetzt habe, aber nun halten Sie, lieber Leser, bereits die zweite Auflage dieses Buches in den Händen.

An wen richtet sich das Buch?

Ob Sie nun als Key-User Bedarfe der Fachabteilungen in Programmieranforderungen zusammenfassen, als SAP-Modulberater dem Anwender erläutern müssen, welche Möglichkeiten es bei einer Anpassung eines Dokuments gibt, oder als ABAP-Entwickler erste Schritte im SAPscript gehen: Dieses Handbuch ist für alle geeignet, die in irgendeiner Weise verstehen möchten, wie ein SAPscript-Formular funktioniert, und sich die Grundlagen dazu aneignen möchten.

Aufbau des Buches

Das erste Kapitel dient dazu, Ihnen zunächst eine allgemeine Einleitung zum Thema zu geben, insbesondere mit Bezug zu S/4HANA, SAP Fiori und BRFplus. Anschließend werde ich Ihnen in Kapitel 2 den technischen Aufbau und die theoretischen Hintergründe eines SAPscript-Formulars erläutern.

In den Kapiteln 3 bis 7 zeige ich an einem Beispiel, wie Sie selbst ein einfaches SAPscript-Formular aufbauen und von Kapitel zu Kapitel erweitern können. Die Kapitel folgen stets einer ähnlichen Struktur: Zu Beginn gibt es eine Aufgabenstellung; dann zeige ich Ihnen, welche Anpassungen jeweils am SAPscript-Formular und am Druckprogramm erforderlich sind, wobei die zu den Änderungen wichtigen theoretischen Aspekte anschließend im Detail erläutert werden. In einem abschließenden kleinen Multiple-Choice-Test können Sie Ihr Wissen überprüfen.

Wenn Sie online mit mir zusammen das Beispiel durchspielen, sollten Sie anschließend in der Lage sein, eigenständig SAPscript-Formulare zu erstellen und bestehende anzupassen bzw. konkrete Informationen bzgl. der Anpassungen an einen Entwickler zu geben.

Für alle, die sich einen tieferen Einblick in das Thema wünschen, bietet Kapitel 8 viele hilfreiche Tipps und Tricks für die tägliche Arbeit mit SAPscript-Formularen – vom Debugging über das Sprachenkonzept bis hin zu den Themen »Etikettendruck« und »Grafikverwaltung«.

Voraussetzungen

Damit Sie die Erläuterungen zu SAPscript in diesem Buch direkt in die Praxis umsetzen können, benötigen Sie

- einen SAP-User in einem SAP-Test-, Spiel- oder Entwicklungssystem,
- einen Entwicklerschlüssel, falls Sie in einem produktiven Entwicklungssystem arbeiten (wird benutzerspezifisch von SAP vergeben), sowie
- Grundkenntnisse der Navigation im SAP-System und in ABAP.

Danksagung

Danken möchte ich an dieser Stelle Christine Weber und Anja Achilles für das tolle Lektorat sowie Martin Munzel für die unermüdliche Unterstützung bei allen Fragen.

20.10.2019 Corinna Zollmann

Im Text verwenden wir Kästen, um wichtige Informationen besonders hervorzuheben. Jeder Kasten ist zusätzlich mit einem Piktogramm versehen, das diesen genauer klassifiziert:

Hinweis

Hinweise bieten praktische Tipps zum Umgang mit dem jeweiligen Thema.

Beispiel

Beispiele dienen dazu, ein Thema besser zu illustrieren.

Achtung

Warnungen weisen auf mögliche Fehlerquellen oder Stolpersteine im Zusammenhang mit einem Thema hin.

Video

Schauen Sie sich ein Video zum jeweiligen Thema an.

Die Form der Anrede

Um den Lesefluss nicht zu beeinträchtigen, wird im vorliegenden Buch bei personenbezogenen Substantiven und Pronomen zwar nur die gewohnte männliche Sprachform verwendet, stets aber die weibliche Form gleichermaßen mitgemeint.

Hinweis zum Urheberrecht

Sämtliche in diesem Buch abgedruckten Screenshots unterliegen dem Copyright der SAP SE. Alle Rechte an den Screenshots hält die SAP SE. Der Einfachheit halber haben wir im Rest des Buches darauf verzichtet, dies unter jedem Screenshot gesondert auszuweisen.

1 Einleitung

SAPscript ist mittlerweile fast 40 Jahre alt und somit sozusagen die Ur-Großmutter unter den Formulartechnologien. Dennoch wird es nach wie vor in vielen SAP-Systemen eingesetzt – bis hin zum aktuellen SAP S/4HANA.

Zur Erstellung von Dokumenten gibt es seit SAP S/4HANA vier Technologien:

- SAPscript,
- Smart Forms,
- PDF-basierte Druckformulare,
- PDF-basierte Druckformulare mit Fragmenten.

Kundenformulare, die bereits mit SAPscript erstellt sind, wurden in den letzten Jahren bei einem Release-Wechsel meist nicht auf die jeweils neueren Technologien umgestellt, getreu dem Motto »Never change a running system«. Zudem gibt es kein »Tool« und auch keine »Funktion«, die diese Umstellung automatisiert vornehmen. Das Kundenformular müsste in der jeweils aktuellsten Technologie manuell neu erstellt werden – ein Aufwand, der oft in keinem Verhältnis zum Nutzen steht, da SAPscript in jedem Release funktioniert.

Demgegenüber werden komplette Neuentwicklungen im Allgemeinen immer mit der jeweils neuesten Formulartechnologie umgesetzt.

Somit existieren, trotz modernster Möglichkeiten, weiterhin viele SAPscript-Formulare in allen SAP-Systemen – auch in S/4HANA. Diese müssen gepflegt, überarbeitet und immer wieder angepasst werden. Und selbst wenn ein bestehendes SAPscript-Formular mit einer neuen Technologie komplett neu erstellt wird, dann ist immer auch SAPscript-Wissen notwendig.

1.1 SAPscript und S/4HANA

SAP S/4HANA erfährt eine zunehmende Verbreitung, und natürlich überlegt sich jedes einführende Unternehmen: Können wir unsere alten Formulare weiterhin verwenden oder müssen wir alles auf die neuen Technologien umstellen?

Die SAP hat angekündigt, ab 2025 den Support für SAPscript einzustellen, jedoch wird die alte Formulartechnologie mit S/4HANA nicht abgeschaltet, SAPscript funktioniert weiterhin. Somit hat die häufig gehörte Aussage »Alles muss neu gemacht werden« keine Grundlage.

SAP selbst hat mit S/4HANA auch nicht alle SAPscript-Formulare umgestellt. Die von SAP zur Verfügung gestellten Standard-Formulare können Sie wie bisher verwenden, wie zum Beispiel das Formular QM_COMPLAINT aus dem Jahre 1994, mit dem Sie Qualitätsmeldungen ausdrucken können, wie in Abbildung 1.1 zu sehen.

Sie können und dürfen SAPscript weiterhin nutzen. Sie sollten jedoch immer bedenken:

- Was ist, wenn etwas nicht mehr funktioniert?
- Was ist, wenn etwas geändert werden muss?
- Hat Ihr Unternehmen intern die Kapazitäten und das Know-how für Anpassungen – auch in Zukunft?

Es gibt keine Tools zum »Übersetzen« von SAPscript-Formularen in die neuesten Technologien. Jedes Formular muss von einem Entwickler manuell neu angelegt und programmiert werden. Im Zuge dessen könnte die Chance genutzt werden, beispielsweise auf ein neues, einheitliches Layout für alle extern versendeten Dokumente umzustellen. Eventuell wäre sogar eine komplette Reorganisation des Ausgabemanagements sinnvoll.

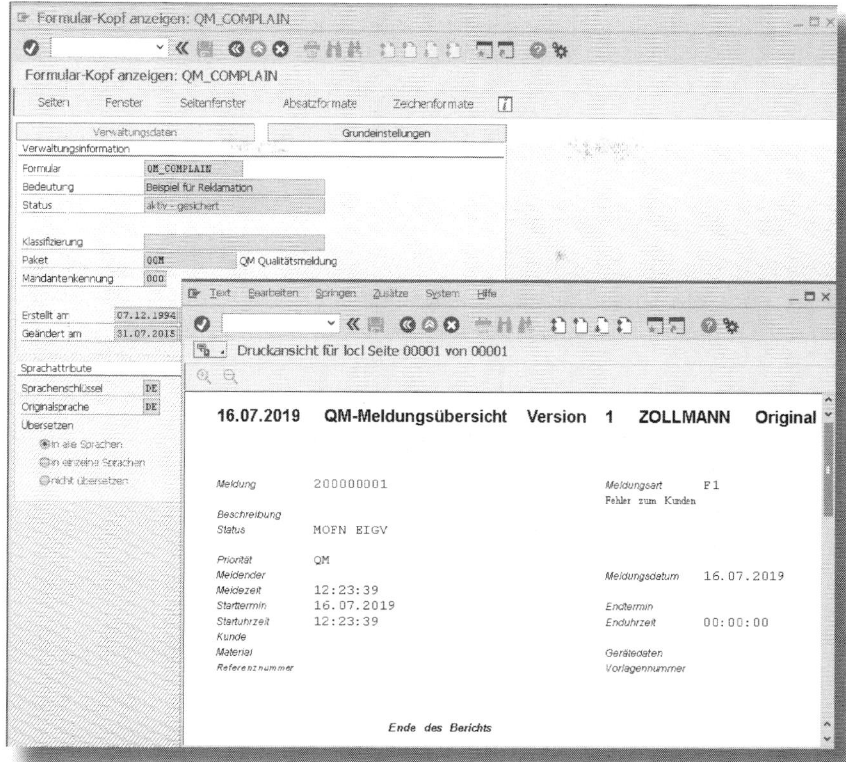

Abbildung 1.1: SAPscript-Formular QM_COMPLAINT in S/4HANA

Meine Empfehlung

Unabhängig vom Release-Stand sollten Sie bei Neuentwicklungen immer die neueste Technologie verwenden – Sie kaufen ja Musik mittlerweile vermutlich auch als MP3-Datei und nicht mehr auf Langspielplatte, oder?

Mit S/4HANA ändert sich in Bezug auf die Nutzung der Funktionalitäten von SAPscript nichts.

Was sich ändert, ist das Aussehen am Bildschirm, denn es wird zukünftig alles mit dem SAP-Fiori-Design dargestellt.

1.2 SAP Fiori

Bei SAP Fiori geht es im Prinzip erst einmal um die Möglichkeit, SAP wie eine »mobile App« mit einem Browser auf jedem Endgerät zu nutzen. Für viele Transaktionen stehen schon heute die passenden Apps in der Fiori-Umgebung zur Verfügung.

Für die Entwicklung von SAPscript-Formularen ist allerdings weiterhin ein SAP GUI notwendig. Im SAP GUI 7.5 kann man über die OPTIONEN auf das visuelle Design von SAP Fiori umstellen – wie in Abbildung 1.2 zu sehen.

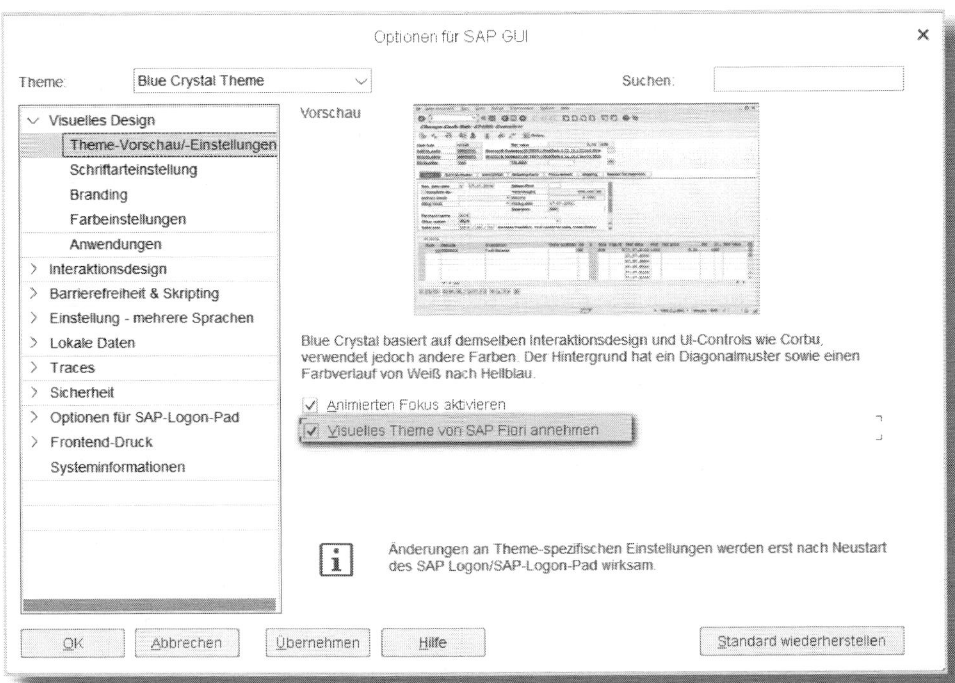

Abbildung 1.2: Optionen für SAP GUI

Es kann sein, dass das SAP GUI in Ihrem Unternehmen bereits im »Fiori«-Design eingestellt ist. Wer bisher mit dem »alten« SAP GUI gearbeitet hat, der benötigt etwas Eingewöhnungszeit für die Umstellung auf das neue Layout.

Buchempfehlungen zu SAP Fiori

Für einen ersten Eindruck vom neuen Layout kann ich Ihnen das Buch »First steps in SAP Fiori« (*http://5126.espresso-tutorials.com*) empfehlen. Im Frühjahr 2020 wird zudem der »Schnelleinstieg in SAP S/4HANA« von Philipp Reichhardt und Martin Munzel verfügbar sein, der u. a. die neue Benutzeroberfläche Fiori 2.0 behandelt.

In Abbildung 1.3 sehen Sie links den SAP Form Painter in der »alten« SAP-GUI-Darstellung, welche auch hier in diesem Buch verwendet wird, und rechts in der Fiori-Ansicht. Inhaltlich und bzgl. der Funktionen des Form Painters, dem SAP-eigenen Editor für die Bearbeitung von SAPscript-Formularen, ändert sich nichts.

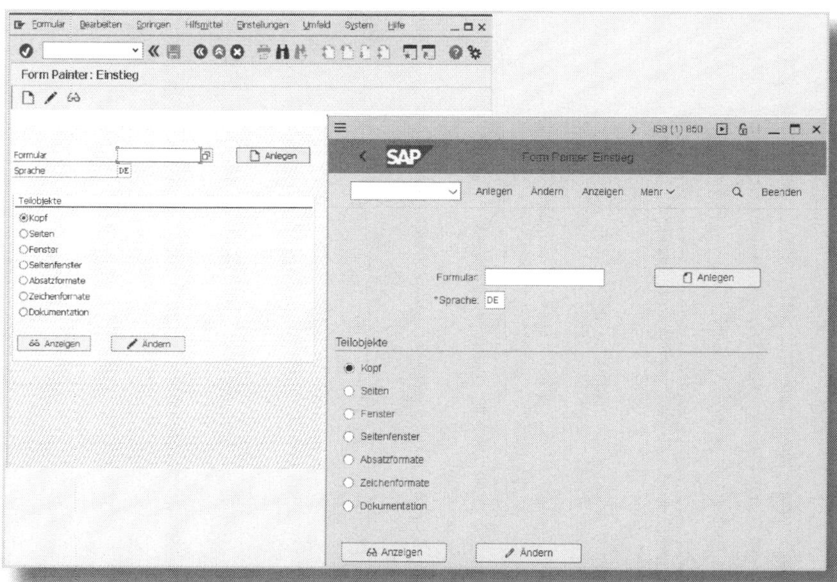

Abbildung 1.3: SAP Form Painter ohne (links) und mit (rechts) Fiori-Design

1.3 Ausgabesteuerung und BRFplus

SAPscript wird hauptsächlich in der Nachrichtenfindung zur Ausgabe von Dokumenten eingesetzt. Bisher hat jedes Modul sein eigenes Framework für das Finden und Ausgeben von Dokumenten, wie z. B.:

- SD-Nachrichtenfindung,
- FI-Korrespondenz,
- FI-CA-Druck-Workbench,
- CRM Post Processing Framework
- etc.

Mit S/4HANA wird die *Ausgabesteuerung* aller Module vereint. Sie erfolgt über das Customizing. Rufen Sie dazu die Transaktion *SPRO* auf und folgen Sie dem Pfad Anwendungsübergreifende Komponenten • Ausgabesteuerung, siehe Abbildung 1.4. SAP hat hier bereits für viele Aktivitäten Standardeinstellungen hinterlegt, die Sie für Ihre Zwecke nutzen können.

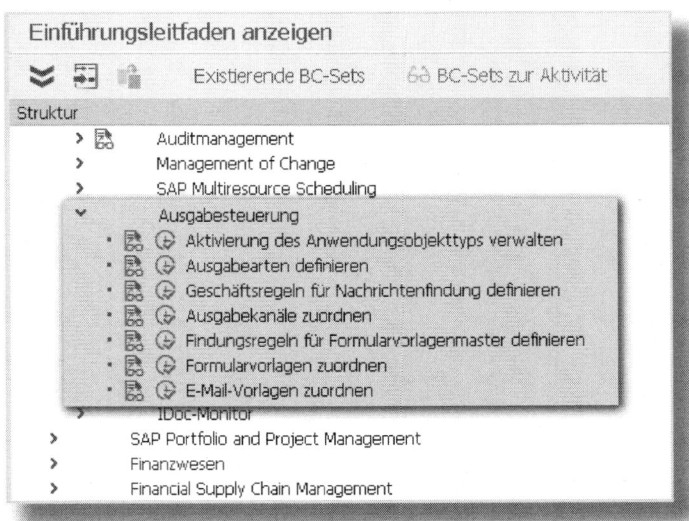

Abbildung 1.4: Customizing Ausgabesteuerung

Im Menüpunkt Formularvorlagen zuordnen können Sie auch Ihre bisher genutzten SAPscript-Formulare und -Druckprogramme zuordnen, wie in Abbildung 1.5 zu sehen.

Sicht "Formularvorlage" ändern: Übersicht

Neue Einträge

Formularvorlage

Anwendungsobjekttyp	Ausgabeart	FormulTyp	Formularvorlagen-ID	Programm	Formroutine
SALES_DOCUMENT	CASH_SALE	1 Ausgabefor...	SD_SLS_CASH_SALE		
SALES_DOCUMENT	CUSTOMER_RETURN	1 Ausgabefor...	SD_SLS_CUSTOMER_RETURN		
SALES_DOCUMENT	CUSTOMER_RETURN	4 SAPScript	QM_COMPLAIN	RQQMUD01	PRINT_PAPER
SALES_DOCUMENT	DEBIT_MEMO_REQUEST	1 Ausgabefor...	SD_SLS_DEBIT_MEMO_REQUEST		
SALES_DOCUMENT	ORDER_CONFIRMATION	1 Ausgabefor...	SD_SLS_ORDER_CONFIRM		

Abbildung 1.5: SAPscript-Formular in Ausgabesteuerung zuordnen

Konfiguration der Ausgabesteuerung

Eine detaillierte Übersicht zur Ausgabesteuerung und welche Einstellungsmöglichkeiten Sie hier haben, finden Sie in der SAP-Standarddokumentation *https://help.sap.com*, oder sehen Sie sich Hinweis 2292539 an.

Die Regeln, welche Nachricht zu welchem Zeitpunkt wie ausgegeben werden sollte, wurden in SAP SD z. B. über die Nachrichtenfindung und die Zugriffsfolgen abgebildet. Mit S/4HANA werden alle Geschäftsregeln mit dem *Business Rule Framework plus* – kurz *BRFplus* – abgebildet. Um hier Einstellungen vorzunehmen, folgen Sie dem Menüpfad Geschäftsregeln für Nachrichtenfindung definieren; es öffnet sich der Einstiegsbildschirm des BRFplus, in dem Sie, ähnlich der Nachrichtenfindung im SD, Ihre Geschäftsprozesse ablegen können. In Abbildung 1.6 sehen Sie ein Beispiel für die Regel »Ausgabe der Rechnung immer als Ausdruck und als E-Mail«.

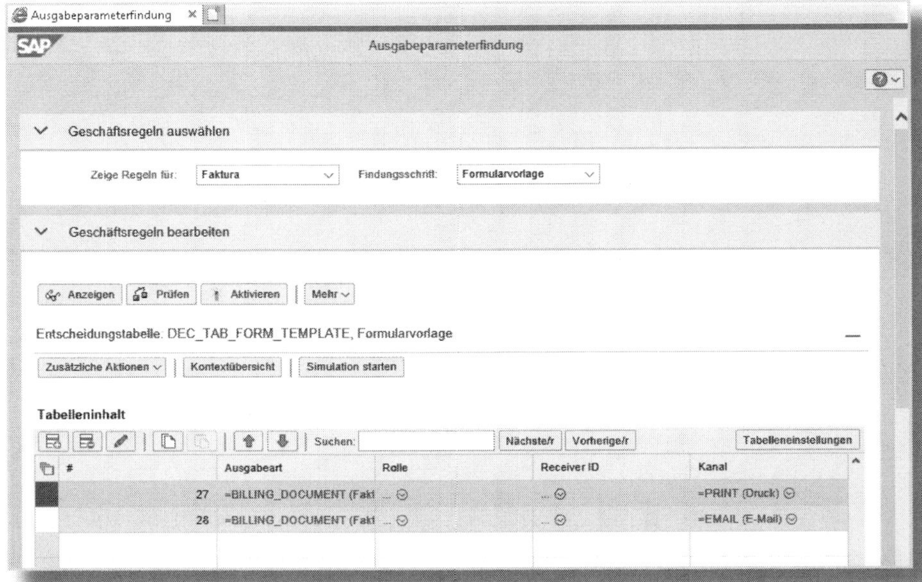

Abbildung 1.6: Geschäftsregeln Faktura

Benutzerdefinierte Formulare in Ausgabesteuerung

Für die konkreten Einstellungen und weitere detaillierte Hinweise, auch bzgl. der Druckprogramme von benutzerdefinierten Formularen, sehen Sie sich bitte SAP-Hinweis 2294198 an.

Alternativ ist es natürlich möglich, auch weiterhin die bisher genutzte SD-Nachrichtenfindung, FI-Korrespondenz, FI-CA-Druck-Workbench oder das CRM Post Processing Framework einzusetzen.

Beide Möglichkeiten der Steuerung – die »neue« Ausgabesteuerung sowie die »alten« Frameworks – stehen gleichberechtigt nebeneinander. Jeder Kunde kann auf Ebene der Geschäftsanwendungen entscheiden, welche Technik zukünftig genutzt werden soll.

2 Technische Grundlagen

Um die komplexe Technologie SAPscript vollständig zu erfassen, ist es hilfreich, sich zunächst den technischen Aufbau eines SAP-script-Formulars anzusehen. Dies ist die Grundlage für das Verständnis der Abläufe beim Drucken eines Dokuments. Am Ende dieses Kapitels kennen Sie die wichtigsten Begriffe im Hinblick auf ein SAPscript-Formular und verstehen das Zusammenspiel zwischen Druckprogramm und SAPscript-Formular.

2.1 Aufbau eines SAPscript-Formulars

In diesem Abschnitt werde ich Ihnen die wichtigsten Begrifflichkeiten aus der SAPscript-Welt an einem theoretischen Beispiel außerhalb des Systems erläutern.

Beginnen wir mit dem Layout eines Dokuments. Täglich bekommen wir Briefe, Rechnungen oder Schreiben etc. mit der Post geschickt. Von Weitem betrachtet bzw. auf den ersten Blick, sehen diese Dokumente alle irgendwie gleich aus. Jedes besteht aus ähnlichen Bereichen mit ähnlichen Inhalten (vgl. Abbildung 2.1):

- dem Logo der Firma und der Anschrift,
- der Adresse des Empfängers,
- Informationen wie Kundennummer, Datum, Seitenzahl,
- dem Hauptfenster, zum Beispiel mit Anschreiben, Auflistung von Artikeln, Texten,
- einer Fußzeile mit allgemeinen Daten der Firma, beispielsweise der Bankverbindung.

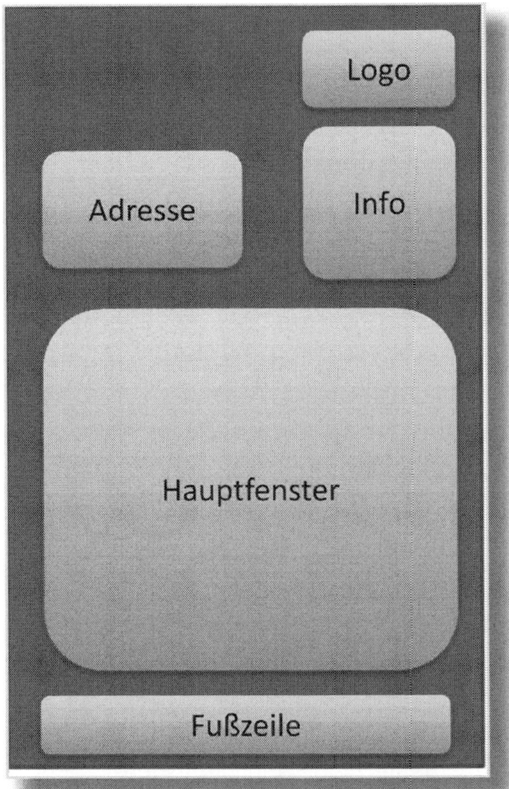

Abbildung 2.1: Layout eines Dokuments – Seitenfenster

Ein Fenster mit einer festen Position auf einer Seite bezeichnet man im SAPscript als *Seitenfenster.* Besteht ein Dokument aus mehreren Seiten, sind die Folgeseiten meist anders aufgebaut. Hier werden nicht mehr alle Informationen der ersten Seite benötigt, und somit steht im Hauptfenster mehr Platz zur Verfügung (vgl. Abbildung 2.2):

- Die Adresse des Empfängers fällt weg;
- verkürzte Informationen, zum Beispiel nur noch Datum und Seitenzahl;
- das Hauptfenster erhält mehr Platz;
- Logo und Fußzeile bleiben unverändert.

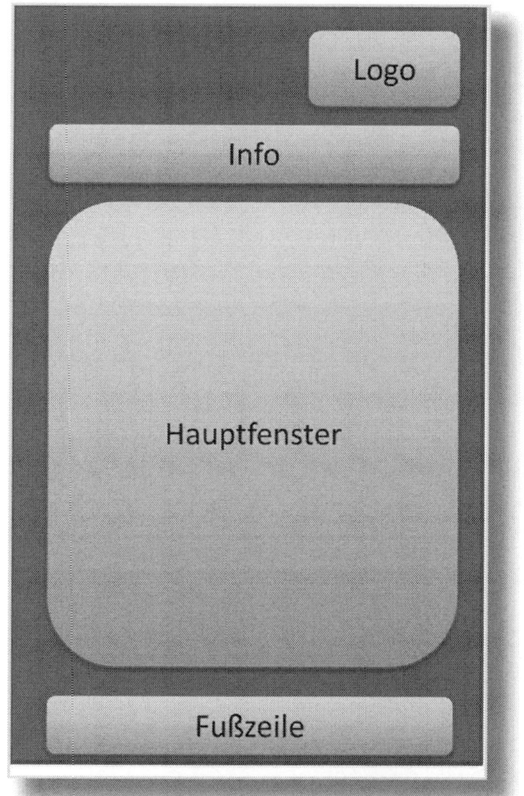

Abbildung 2.2: Layout einer Folgeseite

Um unser beschriebenes Beispiel im SAPscript abbilden zu können, bekommt jede *Seite* einen Namen:

- FIRST – erste Seite
- NEXT – alle Folgeseiten

Auch jedes *Fenster* wird benannt:

- LOGO
- ADRESSE
- INFO1 – erste Seite

- INFO2 – Folgeseiten
- MAIN – Hauptfenster
- FUSS – Fußzeile

NAMEN von Fenstern und Seiten

Im SAPscript sind für die Namen von Seiten und Fenstern keine Sonderzeichen erlaubt. Das System setzt die Namen automatisch in Großbuchstaben um.

Ändern sich Inhalt und Größe eines Fensters von einer Seite zur nächsten, so wird dies in zwei verschiedenen Fenstern angelegt (und zum Beispiel mit »INFO1« und »INFO2« benannt). Bleiben Größe und Inhalt identisch, ist ein Fenster ausreichend (dieses heißt dann beispielsweise »LOGO«).

Nun werden die Fenster auf den Seiten mittels konkreter Koordinaten positioniert, wodurch die Seitenfenster entstehen. Die Fenster bekommen eine Länge und Breite zugewiesen und es wird festgelegt, wo auf einer Seite sich das jeweilige Fenster konkret befindet (siehe Abbildung 2.3).

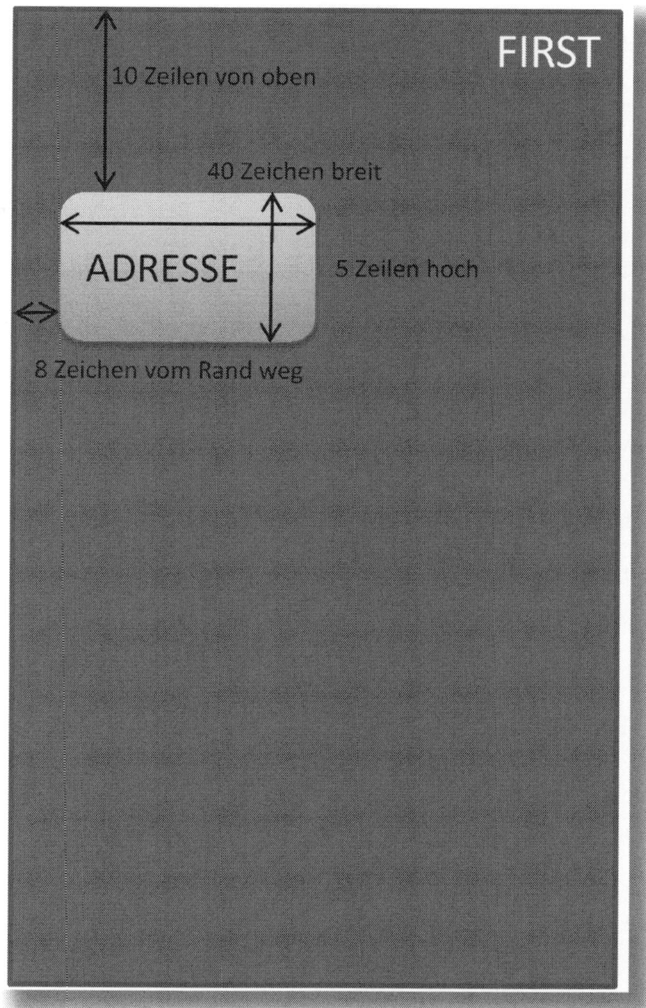

Abbildung 2.3: Seitenfenster ADRESSE auf Fenster FIRST

Jetzt betrachten wir den Inhalt der Fenster am Beispiel eines INFO1-Fensters der ersten Seite (vgl. Abbildung 2.4).

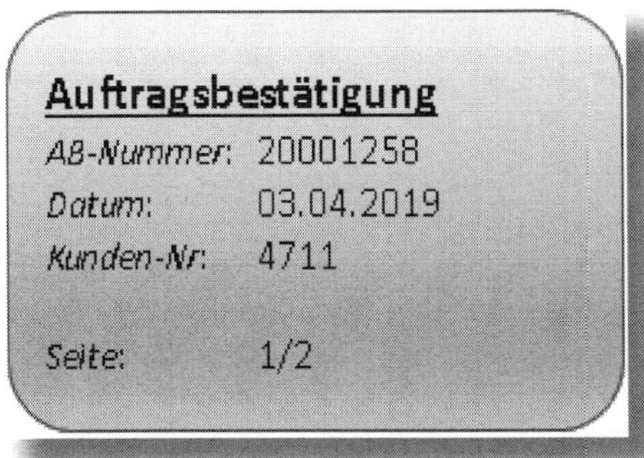

Abbildung 2.4: INFO1-Fenster der ersten Seite

Das INFO1-Fenster besteht aus festen Texten:

- Auftragsbestätigung
- AB-Nummer
- Datum
- Kundennummer
- Seite

Weiterhin enthält es Variablen, die sich entsprechend verändern können:

- Nummer der Auftragsbestätigung
- Datum
- Nummer des Kunden
- Aktuelle Seite
- Gesamtanzahl der Seiten

Die Inhalte eines Fensters werden in SAPscript *Textelemente* genannt. Bei einer Formatierung über einen ganzen Absatz hinweg spricht man von einem *Absatzformat*. Werden nur einzelne Wörter oder gar Zeichen formatiert (wie AB-Nummer, Datum etc.), dann spricht man von einem *Zeichenformat*.

Weitere Einstellungen bzgl. allgemeiner Formatierungen, welche grundsätzlich für alle Seiten/Texte gelten, werden in den *Grundeinstellungen* bzw. *Kopfdaten* festgehalten. Dazu gehören zum Beispiel:

- Seitenformat (DIN A4)
- Hoch-/Querformat
- Schriftart
- Schriftgröße

Damit kennen Sie bereits die wichtigsten Begriffe in der SAPscript-Welt:

- Kopfdaten
- Seite
- Fenster
- Seitenfenster
- Textelemente
- Absatzformat
- Zeichenformat

In den folgenden Abschnitten werde ich die einzelnen Begriffe noch einmal zusammengefasst beschreiben.

2.1.1 Kopfdaten

In den Kopfdaten werden vor allem die allgemeinen Formatierungen wie Seitenorientierung, Schriftart und Schriftgröße für die Seiten/Texte hinterlegt.

2.1.2 Seiten

Für jedes SAPscript-Formular muss mindestens eine Seite (zum Beispiel »FIRST«) definiert sein. Soll nach einem *Seitenumbruch* der nachfolgende Inhalt weiterhin mit dem gleichen Seitenlayout gedruckt werden, dann wird die gleiche Seite als Folgeseite angegeben. Soll nach einem Seitenumbruch jedoch auf einer Seite mit anderem Layout gedruckt werden, muss eine weitere Seite (zum Beispiel »NEXT«) definiert und als Folgeseite der ersten angegeben werden.

2.1.3 Fenster

Fenster sind die einzelnen Bereiche unterschiedlichen Inhalts, die später auf einer Seite angeordnet werden können. Es gibt drei Typen von Fenstern.

VAR-Fenster

Das *VAR-Fenster* wird auf jeder Seite neu aufgebaut und enthält zum Beispiel die Seitenzahl, die sich variabel von Seite zu Seite verändert. Wird mehr Text ausgegeben, als in das Fenster hineinpasst, geht der überschüssige Text verloren. Es gibt keinen Seitenumbruch. Die Größe eines VAR-Fensters kann auf verschiedenen Seiten variieren. Ein VAR-Fenster kann pro Seite nur einmal platziert werden.

CONST-Fenster

Die Größe eines *CONST-Fensters* bleibt auf allen Seiten konstant. Ein CONST-Fenster kann pro Seite nur einmal gesetzt werden. Inhaltlich wurde das Verhalten mit Release 4.0 geändert:

- Ab Release 4.0 – der Inhalt des Fensters verhält sich wie ein VAR-Fenster, entsprechend wird bei einer Neuerstellung eines SAPscript-Formulars meist der Fenstertyp VAR verwendet.
- Vor Release 4.0 – er Inhalt des Fensters wird einmalig aufgebaut und bleibt dann konstant über alle Seiten hinweg, zum Beispiel die Fußzeile mit Kontodaten, Handelsregisterauszug und Namen von Gesellschaftern.

MAIN-Fenster

Das *MAIN-Fenster* ist das Hauptfenster des SAPscript-Formulars und mindestens einmal pro SAPscript-Formular vorhanden. Zieht sich das MAIN-Fenster über mehrere Seiten, muss es immer die gleiche Breite haben.

Die Besonderheit des MAIN- im Vergleich zu den VAR/CONST-Fenstern ist folgende: Wenn mehr Text ausgegeben wird, als in das Fenster hineinpasst, so wird automatisch ein Seitenumbruch angestoßen und der weitere Text auf der nächsten Seite angedruckt. Zudem besteht ein MAIN-Fenster aus drei Ausgabebereichen:

- Der Kopfbereich *TOP* bezeichnet den oberen Teil des MAIN-Fensters. Dieser wird zum Beispiel verwendet, um Überschriftenzeilen bei Tabellen auszugeben, damit diese über mehrere Seiten gleich bleiben – ähnlich der Formatierung von Kopfzeilen bei Tabellen in herkömmlichen Textverarbeitungsprogrammen.
- Der Fußbereich *BOTTOM* wird pro Seite jeweils am Ende – nach dem BODY des MAIN-Fensters – ausgegeben.
- Der Hauptbereich *BODY* wird zwischen TOP und BOTTOM ausgedruckt. Der Inhalt kann als Fließtext oder in Tabellenform (beispielsweise bei der Auflistung von Materialien) ausgegeben werden und sich über mehrere Seiten erstrecken. Der für den BODY zur Verfügung stehende Platz ist das gesamte MAIN-Fenster abzüglich TOP und BOTTOM.

2.1.4 Textelemente

Als *Textelemente* werden die Inhalte der Fenster bezeichnet, die sowohl festen Text als auch Variablen enthalten. Sie werden später über das Druckprogramm angesteuert und gefüllt. Pro Fenster gibt es einen Textelementebereich, der mehrere Textelemente enthalten kann. Diese bekommen meist eine feste Bezeichnung, mit der das Druckprogramm sie dann später konkret ansprechen kann.

2.1.5 Seitenfenster

Auf einer Seite wird festgelegt, welche Fenster wo ausgegeben werden sollen. Ein Fenster, das mit konkreten Koordinaten sowie Breite und Höhe auf einer Seite positioniert wurde, nennt man Seitenfenster.

2.1.6 Absatzformate

In einem *Absatzformat* sind feste Dimensionen definiert (zum Beispiel »fett« und »kursiv«, Position von Tabulatoren, Schutz vor Seitenumbruch), welche dann in den Textelementen einem Absatz zugewiesen werden können.

2.1.7 Zeichenformate

Entsprechend kann über ein definiertes *Zeichenformat* (zum Beispiel »fett« und »kursiv«) einer Zeichenfolge in den Textelementen ein festes Aussehen zugewiesen werden.

2.2 SAPscript-Editor

Zur Bearbeitung von SAPscript-Formularen hat SAP einen eigenen Editor entwickelt – den *Form Painter*. Mit diesem können SAPscript-Formulare angelegt, geändert und angezeigt werden. Den Form Painter (siehe Abbildung 2.5) rufen Sie mit der Transaktion *SE71* oder über den Pfad Werkzeuge • Formulardruck • SAPscript • Formular im SAP-Menü auf.

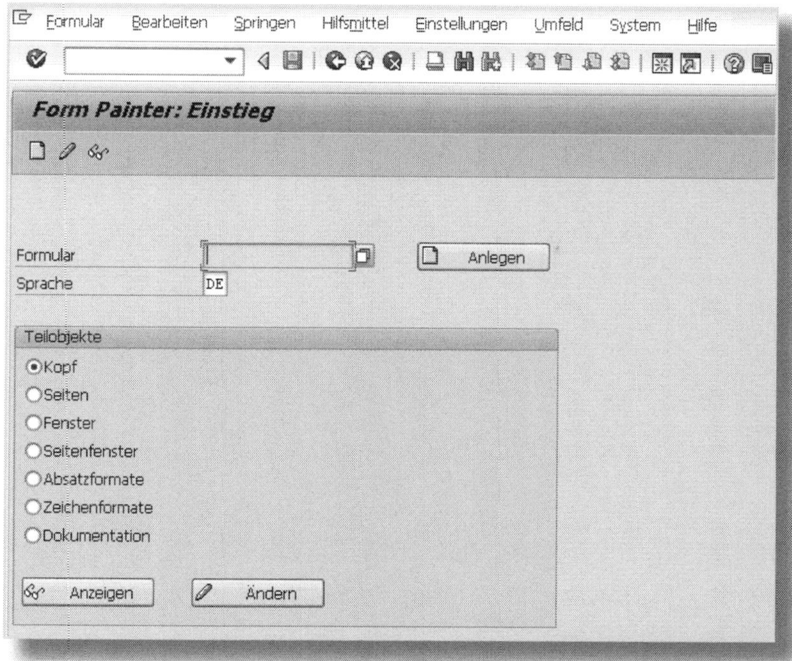

Abbildung 2.5: Form Painter

Entwicklerschlüssel

Für die Bearbeitung eines SAPscript-Formulars benötigen Sie einen Entwicklerschlüssel – dieser ist benutzerspezifisch und muss bei SAP angefordert werden.

Der Form Painter bietet zwei Möglichkeiten zur Darstellung und Bearbeitung von SAPscript-Formularen an. Beide Editoren sind in Abbildung 2.6 dargestellt:

- *alphanumerischer* Form Painter bzw.
- *grafischer* Form Painter (ab SAP Release 4.0, Windows 95 oder Windows NT 4.0).

Abbildung 2.6: Alphanumerischer und grafischer Form Painter

Der deutlichste Unterschied zeigt sich in der Darstellung des Formular-Layouts: Im alphanumerischen Form Painter wird das Layout des Dokuments zunächst über Seiten, Fenster und Seitenfenster definiert. Erst das separate Aufrufen des SEITENLAYOUTS zeigt eine etwaige Vorschau auf das Dokument.

Im grafischen Form Painter wird das Dokument direkt im Seitenlayout, also einer grafischen Ansicht der Seite abgebildet. Zusätzlich ist es hier möglich, mit der Maus Fenster zu verschieben (per Drag-and-drop), zu vergrößern oder zu verkleinern.

Die *Darstellungsweise* wird über das Menü im Form Painter eingestellt: EINSTELLUNGEN • FORM PAINTER (siehe Abbildung 2.7).

Je nachdem, ob das Kennzeichen GRAFISCHER FORM PAINTER aktiviert ist oder nicht, ändert sich die Darstellung des SAPscript-Formulars im Editor.

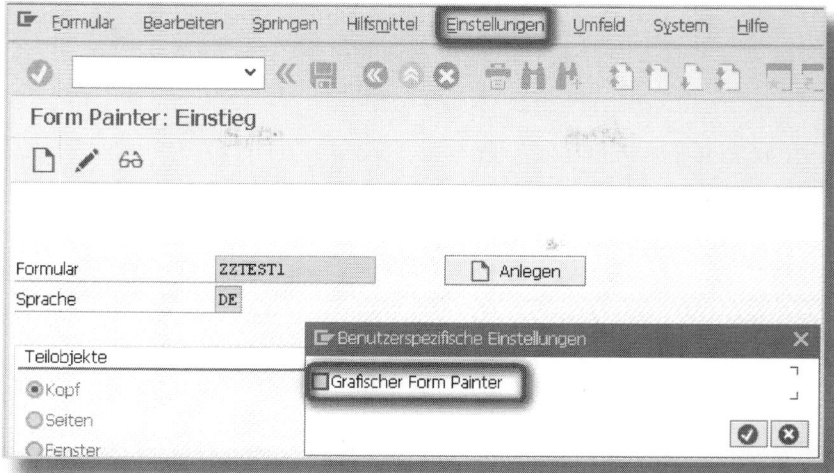

Abbildung 2.7: Einstellung Form Painter

Form Painter

Beim alphanumerischen und grafischen Form Painter handelt es sich lediglich um eine unterschiedliche Darstellung eines SAPscript-Formulars. Inhaltlich gibt es zwischen den beiden Einstellungen keinen Unterschied. Es kann jederzeit zwischen den Editoren gewechselt werden.

Allerdings kann nur der alphanumerische Form Painter in allen SAP-Release-Ständen und mit jeder Frontend-Plattform verwendet werden, entsprechend werde ich im weiteren Verlauf des Buches mit diesem arbeiten.

2.2.1 Texteditor

Um die Textelemente in einem Fenster im Form Painter zu bearbeiten, wird der allgemeine Texteditor des SAP-Systems verwendet. Wie in

Abbildung 2.8 gezeigt, gibt es abhängig vom Release-Stand verschiedene Möglichkeiten zur Darstellung der Texte, und zwar über

- den herkömmlichen *Zeileneditor*,
- den *graphischen Editor*,
  - den *WYSIWYG PC-Editor* (ab WINDOWS 95/NT4.0) oder
  - den *Microsoft Word Editor* (ab SAP_BASIS 6.20 Support Package 42 oder SAP NetWeaver 2004 Support Package 05).

SAP-Hinweis 742662: Microsoft Word als Editor in SAPscript und Smart Forms

Ab Release SAP NW 7.0, Enhancement Package 1 und SAP NW 7.10 Support Package 05 ist als grafischer Editor nur noch der MS Word Editor verfügbar – den herkömmlichen Zeileneditor können Sie aber in allen Releaseständen nutzen.

Der herkömmliche *Zeileneditor* ist in zwei Spalten aufgeteilt: Formatspalte und Zeilentext. In Erstgenannter wird das Absatzformat angegeben, im Zeilentext ist der Text hinterlegt. Wenn einzelne Zeichen ein anderes Format bekommen sollen, wird das gewünschte Zeichenformatkürzel (wie hier »kk« für *kursiv*) mit spitzen Klammern an den Anfang der Zeichen gesetzt und am Ende mit </> abgeschlossen, zum Beispiel <kk>AB-Nummer:</>.

Im *MS Word Editor* und im *WYSIWYG PC-Editor* werden die Absatz- sowie Zeichenformate direkt sichtbar im Text umgesetzt.

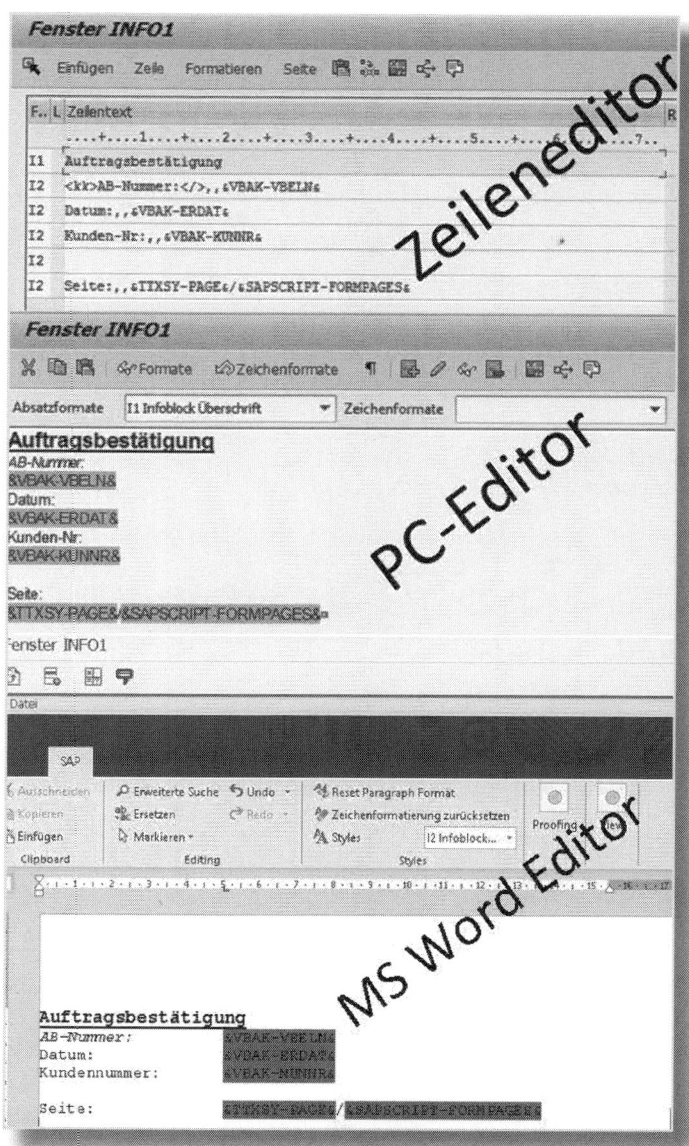

Abbildung 2.8: Zeilen-/PC-/MS Word Editor

Texteditor

Der einzige Unterschied zwischen diesen verschiedenen Editoren besteht in der Art der Darstellung von Texten. Es kann jederzeit zwischen den jeweils vorhandenen Editoren gewechselt werden.

Analog zum Form Painter kann nur der herkömmliche Zeileneditor in allen SAP-Releaseständen und jeder Frontend-Plattform verwendet werden. Entsprechend werde ich im weiteren Verlauf des Buches mit diesem arbeiten.

Aus dem Texteditor heraus bietet das Menü zwei Möglichkeiten, die Darstellung zu verändern (siehe Abbildung 2.9):

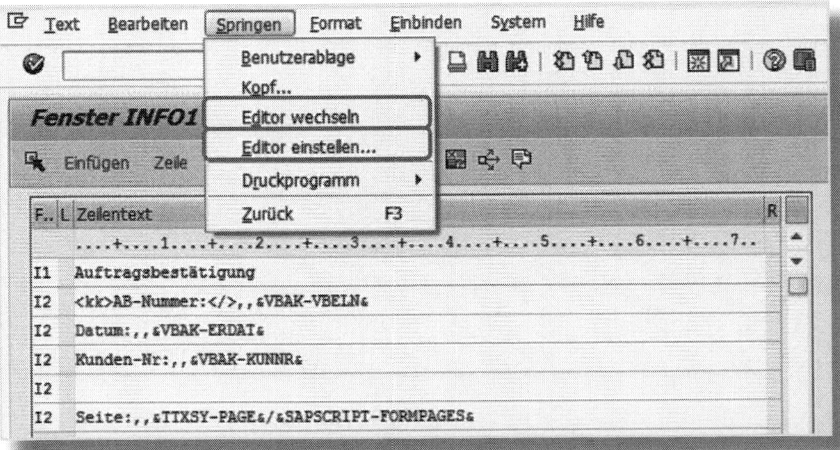

Abbildung 2.9: Texteditor – Editor wechseln/einstellen

1. Springen • Editor wechseln – temporäre Einstellung des Editors für die aktuelle Darstellung; nach dem Verlassen des Editors wird der nächste Text wieder mit den ursprünglichen Einstellungen des Editor dargestellt.

2. Springen • Editor einstellen... – benutzerabhängige Einstellung des Editors für das gesamte SAP-System.

Texteditor – Einstellungen gelten im gesamten SAP-System

Die Einstellungen des Texteditors sind zwar benutzerabhängig, wirken sich jedoch nicht nur auf den Form Painter aus, sondern werden in allen Texten im gesamten SAP-System verwendet.

Stellen Sie den Texteditor grundsätzlich so ein, wie es Ihr täglicher Bedarf erfordert. Sollten Sie mit dem Form Painter arbeiten und doch mal eine andere Darstellung wünschen, können Sie diese temporär wechseln, ohne die feste Einstellung zu verändern.

2.3 Druckprogramm, Datenbeschaffung und Logik

Die Ausgabe eines Dokuments ist immer ein Zusammenspiel zwischen einem *Druckprogramm* und einem SAPscript-Formular. Letzteres enthält Layout und Texte. Das Druckprogramm kümmert sich um die Datenbeschaffung sowie um die Logik, welche Texte und Daten wann gedruckt werden sollen.

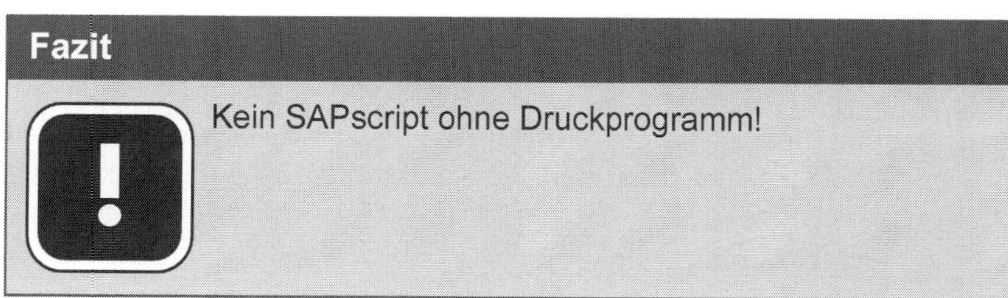

Fazit

Kein SAPscript ohne Druckprogramm!

Ein Druckprogramm ist immer ein *ABAP-Programm*, das über den ABAP-Editor angelegt, geändert und angezeigt wird. Zum Starten des ABAP-Editors rufen Sie die Transaktion *SE38* auf oder nutzen im SAP-Menü den Pfad WERKZEUGE • ABAP WORKBENCH • ENTWICKLUNG • ABAP EDITOR.

ABAP-Programm

Sie müssen kein Experte im ABAP-Programmieren sein, aber ich gehe davon aus, dass Ihnen Grundlagen wie die Erstellung eines Selektionsbildes und das Aufrufen von Formroutinen und Funktionsbausteinen bekannt sind.

Falls nicht, kann ich Ihnen das SAP-Einsteigerbuch »Schnelleinstieg in ABAP®« von Boris Rubarth empfehlen (Espresso Tutorials). Alternativ können Sie auch den Videokurs »SAP ABAP für Anfänger: Programmieren lernen in SAP« (*http://5271.espresso-tutorials.de*) wählen.

Das Zusammenspiel zwischen Druckprogramm und SAPscript-Formular funktioniert über Funktionsbausteine. Diese werden im Druckprogramm aufgerufen und steuern unter anderem, wann welche Textelemente aus dem SAPscript-Formular ausgegeben werden.

Die Ausgabe eines Dokumentes erfolgt immer über einen Ausgabeauftrag. Die folgenden beiden Funktionsbausteine sind zur Erzeugung eines Ausgabeauftrages notwendig und bilden den Rahmen des Druckprogramms. Alle weiteren Funktionsbausteine müssen zwischen diesen beiden aufgerufen werden:

- *OPEN_FORM* initialisiert die Ausgabe eines Ausgabeauftrags und »öffnet« das angegebene SAPscript-Formular für den nachfolgenden Druck.
- *CLOSE_FORM* »schließt« das SAPscript-Formular und fasst alle Ausgaben im Ausgabeauftrag zusammen.

Zur Ausgabe von Texten gibt es zwei weitere Funktionsbausteine. Diese können mehrfach und in beliebiger Reihenfolge zwischen OPEN_FORM und CLOSE_FORM aufgerufen werden:

- *WRITE_FORM* ruft vorher im SAPscript-Formular definierte Textelemente zur Ausgabe auf.
- *WRITE_FORM_LINES* übergibt im Druckprogramm erzeugte Texte an den Ausgabeauftrag.

ABAP-Befehl WRITE

Der ABAP-Befehl »WRITE« wird allgemein verwendet, um Text in ABAP-Listen zu schreiben. Er ist jedoch ungeeignet, um einen Text in ein SAPscript-Formular zu schreiben.

Manchmal werden neben der reinen Textausgabe in einer bestimmten Reihenfolge weitere Steuerungen benötigt. Um das SAPscript-Formular vom Druckprogramm aus zu »steuern«, gibt es einen spezifischen Funktionsbaustein:

- *CONTROL_FORM* sendet Steuerkommandos, zum Beispiel einen expliziten Seitenumbruch oder einen Schutz vor Seitenumbruch, an das SAPscript-Formular.

Es ist möglich, unterschiedliche SAPscript-Formulare zwischen einem OPEN_FORM und einem CLOSE_FORM zu drucken. Hierbei ist zu beachten, dass die verschiedenen Dokumente dadurch zu einem Ausgabeauftrag zusammengefasst werden. Dazu werden die folgenden Funktionsbausteine verwendet:

- *START_FORM* »beginnt« ein neues SAPscript-Formular.
- *END_FORM* »beendet« ein SAPscript-Formular.

In Abbildung 2.10 wird das Zusammenspiel zwischen Druckprogramm und SAPscript-Formular durch die Funktionsbausteine schematisch dargestellt.

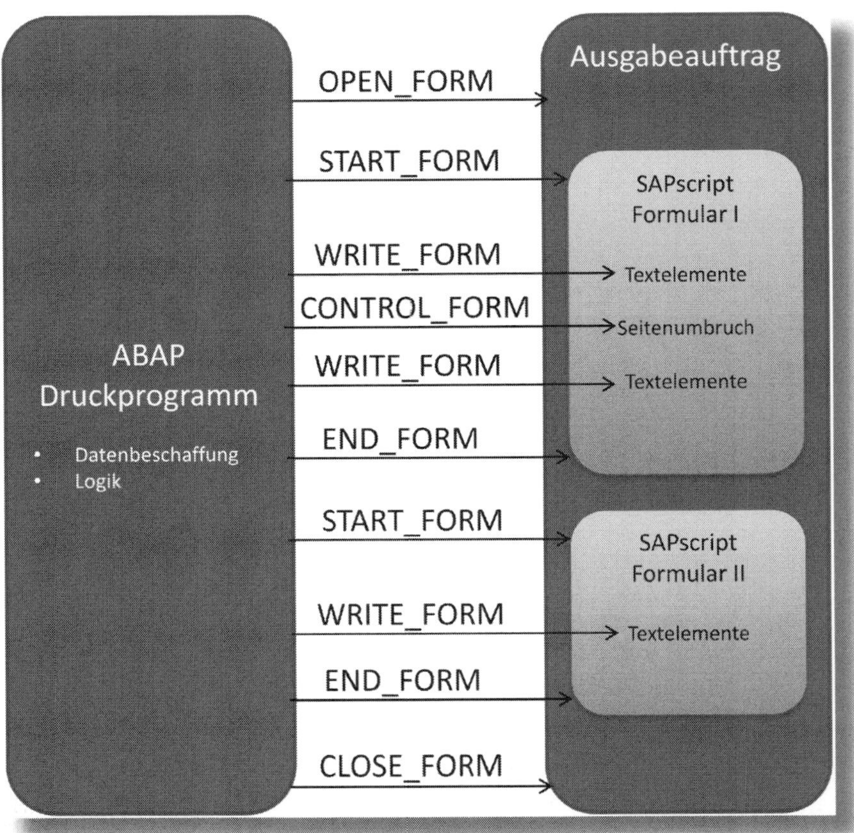

Abbildung 2.10: Zusammenwirken zwischen Druckprogramm und SAPscript

In den folgenden Abschnitten gehe ich noch einmal auf die Aufgaben der einzelnen Funktionsbausteine ein, die zur Ausgabe eines Dokuments notwendig sind. Detailliertere Informationen zu jedem Baustein können Sie jederzeit online in der Funktionsbausteindokumentation Ihres SAP-Systems nachlesen.

2.3.1 OPEN_FORM

Der Funktionsbaustein *OPEN_FORM* initialisiert die Ausgabe eines Ausgabeauftrags und stellt den Beginn der Dokumentenausgabe dar. Zu den wichtigen Übergabeparametern dieses Funktionsbausteins gehören unter anderem

- der Name des SAPscript-Formulars,
- die Sprache, in der das Dokument gedruckt werden soll,
- Druckoptionen, über die Einstellungen für den Drucker mitgegeben werden und
- ein *Archivindex* (notwendig, wenn archiviert werden soll).

Geben Sie bei den Übergabeparametern ein konkretes SAPscript-Formular an, so wird dieses für den nachfolgenden Druck auch gestartet. Ohne dessen Angabe muss anschließend der Funktionsbaustein START_FORM aufgerufen werden.

Archivierung

Soll die Ausgabe in einem Archiv abgelegt werden, muss der Archivindex mitgegeben werden! Selbst wenn keine Daten übermittelt werden, so doch mindestens eine leere Struktur.

2.3.2 START_FORM

Der Funktionsbaustein *START_FORM* »beginnt« ein neues SAPscript-Formular, wodurch ein Wechsel zwischen zwei SAPscript-Formularen innerhalb eines Ausgabeauftrags möglich ist.

Hierbei ist zu beachten, dass das Seitenformat (zum Beispiel LETTER, DIN A4, DIN A5) der zu druckenden SAPscript-Formulare einheitlich sein muss. Wurde zuvor ein anderes SAPscript-Formular geöffnet, muss es vor dem START_FORM mit END_FORM beendet werden. Die wichtigen Übergabeparameter dieses Funktionsbausteins sind unter anderem:

- Name des SAPscript-Formulars,
- Sprache, in der das Dokument gedruckt werden soll,
- Archivindex (notwendig, wenn archiviert werden soll),
- Startseite, mit welcher der Ausdruck beginnen soll.

Dynamische Startseite

Einzig über den Funktionsbaustein START_FORM haben Sie die Möglichkeit, bei einem SAPscript-Formulardruck die Startseite dynamisch aufzurufen.

Soll nur ein SAPscript-Formular ausgegeben werden, wird dessen Name direkt beim OPEN_FORM angegeben. Auf den Aufruf des START_FORM kann verzichtet werden.

2.3.3 WRITE_FORM

Mit dem Funktionsbaustein *WRITE_FORM* werden die definierten Textelemente in den einzelnen Fenstern angesteuert. Er bildet die Logik ab, wann welcher Text auf dem Dokument gedruckt werden soll. Zu den Übergabeparametern dieses Funktionsbausteins gehören:

- Name des Textelements, wie er im SAPscript definiert ist,
- Name des Fensters, in welchem das Textelement ausgegeben werden soll,

- Fensterbereich, in dem der Text ausgegeben werden soll (TOP, BODY, BOTTOM) – nur für MAIN-Fenster,
- Funktion, was mit bereits vorhandenem Text geschehen soll (SET, APPEND, DELETE).

Die letztgenannte Funktion ist abhängig vom Fenstertyp und -bereich. Die Funktionen in Abhängigkeit von Fenster und Bereich habe ich in nachfolgender Tabelle 2.1 dargestellt. Die Default-Einstellung des Funktionsbausteins ist SET.

Fenster-Bereich	SET Default	APPEND	DELETE
MAIN-BODY	Anhängen des Textelements an die vorherige Ausgabe	Anhängen des Textelements an die vorherige Ausgabe	Unwirksam
MAIN-TOP/ BOTTOM	Bisher festgelegter Inhalt des Bereichs wird gelöscht und das neue Textelement ausgegeben	Anhängen des Textelements an die vorherige Ausgabe	Löschen des genannten Textelements aus dem Bereich
VAR/CONST	Bisher festgelegter Inhalt des Fensterns wird gelöscht und das neue Textelement ausgegeben	Anhängen des Textelements an die vorherige Ausgabe	Löschen des genannten Textelements aus dem Bereich

Tabelle 2.1: WRITE_FORM-Funktionen

2.3.4 WRITE_FORM_LINES

Der Funktionsbaustein *WRITE_FORM_LINES* übergibt einen *Langtext* vom Druckprogramm an das SAPscript-Formular zur Ausgabe. Hiermit haben Sie die Möglichkeit, z. B. dynamische Texte im Druckprogramm zu erzeugen und an das SAPscript-Formular zur Ausgabe zu übergeben. Zu den wichtigsten Übergabeparametern dieses Funktionsbausteins gehören:

- Langtext, welcher ausgegeben werden soll,
- Name des Fensters, in welchem der Text ausgegeben werden soll,
- Fensterbereich, in dem der Text ausgegeben werden soll (TOP, BODY, BOTTOM) – nur für MAIN-Fenster,
- Funktion, was mit bereits vorhandenem Text passieren soll (SET, APPEND).

Die Übergabeparameter entsprechen dem Funktionsbaustein WRITE_FORM, anstelle des Namens eines Textelements wird hier der Langtext direkt übergeben. Entsprechend verhält sich die Ausgabe in Abhängigkeit von Fenster und Bereich genauso, einzig die Funktion DELETE ist hier unwirksam.

2.3.5 CONTROL_FORM

Mit dem Funktionsbaustein *CONTROL_FORM* senden Sie Steuerkommandos an das SAPscript-Formular und können somit bestimmte Funktionen »kontrollieren«, z. B. einen expliziten Seitenumbruch erzeugen oder mehrere Textzeilen vor einem Seitenumbruch schützen. Die Steuerkommandos werden immer direkt im MAIN-Fenster ausgeführt. Es gibt nur einen Übergabeparameter im Funktionsbaustein: das SAPscript-Steuerkommando.

Die meisten SAPscript-Steuerkommandos werden in erster Linie innerhalb von SAPscript-Formularen verwendet. Im Folgenden finden Sie eine Beschreibung der beiden meistgenutzten Steuerkommandos, die mit dem Funktionsbaustein CONTROL_FORM an das SAPscript-Formular gesendet werden.

NEW-PAGE <Seitenname>

Wenn das MAIN-Fenster vollständig gefüllt ist, wird automatisch ein Seitenumbruch generiert. Möchten Sie jedoch einen expliziten Seitenumbruch an einer anderen Stelle einbauen, können Sie das mit dem Steuerkommando *NEW-PAGE* erzwingen. Mit dem Aufrufen von NEW-PAGE werden ein Seitenumbruch an der gewünschten Stelle generiert, die bestehende Seite abgeschlossen sowie eine neue Seite angelegt, auf welcher der laufende Text ausgegeben wird.

Geben Sie zu NEW-PAGE zusätzlich einen Seitennamen an, dann wird ein Seitenumbruch erzeugt und die NEW-PAGE als Folgeseite aufgerufen – die zur Seite im SAPscript-Formular angegebene Folgeseite wird ignoriert.

Hier ein Beispiel für den Aufruf eines expliziten Seitenwechsels zur nächsten Seite »PAGE99«:

```
CALL FUNCTION 'CONTROL_FORM'
  EXPORTING
    command           = 'NEW-PAGE PAGE99'.
```

PROTECT ... ENDPROTECT

Im MAIN-Fenster werden Seitenumbrüche automatisch generiert, sobald eine Seite gefüllt ist. Dies ist aber manchmal nicht gewollt. Es gibt zwar die Möglichkeit, zu einem Absatzformat einen Schutz vor Seitenumbruch zu definieren, das ist jedoch oft nicht ausreichend.

Gerade bei Positionen, bei denen sich die Ausgabe über mehrere Zeilen bzw. Absätze erstreckt, ist ein Seitenumbruch mitten in den Positionsangaben meist nicht gewollt.

Mit den beiden Steuerkommandos *PROTECT* und *ENDPROTECT* können Sie komplette Abschnitte vor einem Seitenumbruch schützen.

Mit dem Aufrufen von PROTECT beginnt der Seitenumbruchschutz. Alle folgenden Absätze werden zusammengefasst. Mit dem Aufrufen von ENDPROTECT endet der Seitenumbruchschutz. Passt der auszugebende Text zwischen den beiden Kommandos noch auf die aktuelle Seite, wird er ausgegeben. Ansonsten wird ein Seitenumbruch angestoßen und die Ausgabe erfolgt komplett auf der Folgeseite.

2.3.6 END_FORM

Mit dem Funktionsbaustein *END_FORM* wird das aktuell gestartete SAPscript-Formular »beendet«. Mittels START_FORM kann nun ein neues SAPscript-Formular gestartet werden oder Sie rufen CLOSE_FORM auf, damit der Ausgabeauftrag abgeschlossen und ausgegeben wird.

END_FORM

Ein SAPscript-Formular, das mit END_FORM beendet wird, ist noch nicht abgeschlossen. Zum endgültigen Abschluss vor dem Drucken muss immer der Funktionsbaustein CLOSE_FORM aufgerufen werden.

2.3.7 CLOSE_FORM

Der Funktionsbaustein *CLOSE_FORM* »schließt« das SAPscript-Formular und beendet den Ausgabeauftrag. Hiermit erfolgt die tatsächliche Ausgabe des Dokuments.

2.4 Kurzquiz zur Lernkontrolle

1. SAPscript-Formulare erstellen Sie mit
   a) Transaktion SE71 – Form Painter,
   b) Transaktion SE38 – ABAP Editor oder
   c) Transaktion SE73 – SAPscript Fontpflege.

2. Für die Ausgabe eines SAPscript-Formulars benötigen Sie:
   a) einen Test-Mandanten,
   b) ein Druckprogramm oder
   c) einen Key-User.

3. Ein Druckprogramm enthält
   a) die Logik, wann was gedruckt werden soll,
   b) das Layout oder
   c) die Texte.

4. In einem Druckprogramm benötigt man zur Ausgabe eines SAPscript-Formulars mindestens folgende Funktionsbausteine:
   a) START_FORM, END_FORM,
   b) OPEN_FORM, WRITE_FORM, END_FORM,
   c) OPEN_FORM, CLOSE_FORM,
   d) CONTROL_FORM, WRITE_FORM.

Antworten siehe Anhang: »Lösungen Kurzquiz«.

3 Ein erstes SAPscript-Formular

Da nun die theoretischen Grundzüge erläutert sind, nähern wir uns nachfolgend der Praxis. In diesem Kapitel zeige ich Ihnen Schritt für Schritt, wie Sie ein einfaches erstes SAPscript-Formular und das dazugehörige Druckprogramm anlegen können.

Wenn Sie parallel zum Lesen an einem System die Eingaben nachahmen, werden Sie am Ende des Kapitels ein einfaches Kundeninfoschreiben mit Absenderadresse entsprechend Abbildung 3.1 erstellt haben.

```
                                                  Firma
                                                  Müller GmbH
                                                  Postfach 12345
                                                  68309 Mannheim

Sehr geehrte Damen und Herren,

wir haben neue Artikel in unser Sortiment aufgenommen. Bitte besuchen
Sie unsere Internetseite für weitere Informationen.

Mit freundlichen Grüßen
Max Müller
```

Abbildung 3.1: Ein erstes SAPscript-Formular

Kundeninfoschreiben anlegen

Das Anlegen des SAPscript-Formulars zur Ausgabe des Kundeninfoschreibens können Sie sich auch in folgendem Video ansehen:

http://sapscript01.espresso-tutorials.com.

3.1 SAPscript-Formular erstellen

Um das SAPscript-Formular anlegen zu können, rufen Sie den Form Painter über die Transaktion *SE71* auf oder gehen im SAP-Menü über den Pfad Werkzeuge • Formulardruck • SAPscript • Formular, wie in Abbildung 3.2 dargestellt.

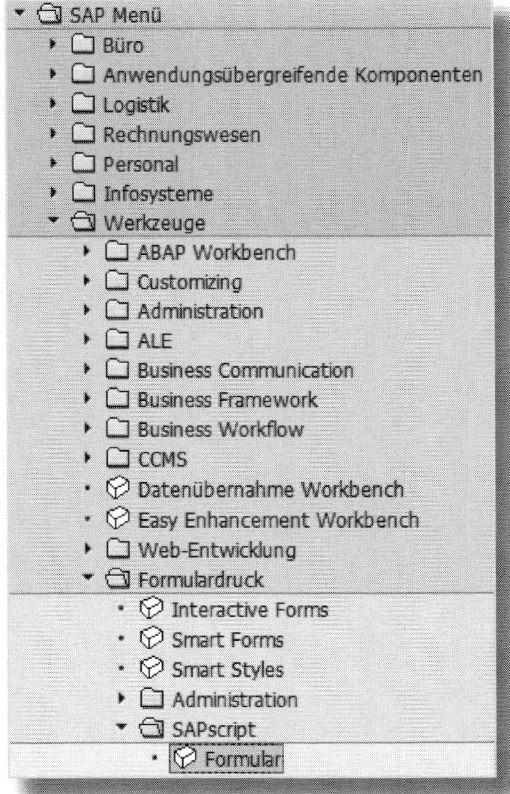

Abbildung 3.2: Aufruf des Form Painters (SE71)

Sie kommen zum Einstiegsbild des Form Painters. Tragen Sie in das Eingabefeld Formular den Namen des SAPscript-Formulars ein. Geben Sie hier *ZSAPSCRIPT_01* ein (siehe Abbildung 3.3) und klicken Sie auf den Button Anlegen.

Alphanumerischer Form Painter

Wenn Sie das Beispiel parallel in Ihrem System anlegen, vergewissern Sie sich bitte, dass Sie den alphanumerischen Form Painter eingestellt haben, da alle Beispiele in diesem Buch mit diesem dargestellt werden. Wenn Ihr Bildschirm wie in Abbildung 3.3 aussieht, dann sind die Einstellungen korrekt; ansonsten können Sie, wie in Abschnitt 2.2 erläutert, die Darstellungsweise anpassen.

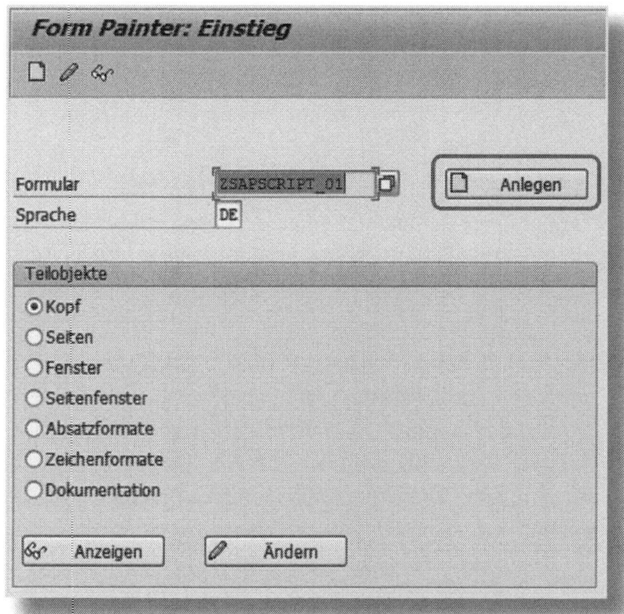

Abbildung 3.3: Alphanumerischer Form Painter (SE71)

Sie erhalten eine Informationsmeldung vom System, wonach das SAPscript-Formular »ZSAPSCRIPT_01« noch nicht vorhanden ist, wie in Abbildung 3.4. Bitte bestätigen Sie diese Meldung mit dem grünen Haken ✔.

Sollten Sie diese Meldung nicht erhalten, existiert bereits ein SAPscript-Formular mit diesem Namen. Dann gehen Sie bitte wieder auf das Einstiegsbild des Form Painters zurück und wählen eine eigene Bezeichnung aus.

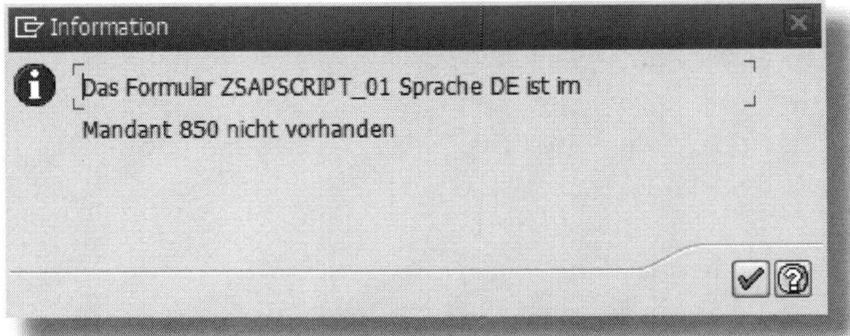

Abbildung 3.4: Infomeldung – SAPscript-Formular nicht vorhanden

Es folgt die Anzeige der Kopfdaten des SAPscript-Formulars. Tragen Sie als BEDEUTUNG *Kundenanschreiben 01* ein und sichern Sie die Eingabe, indem Sie zum Speichern auf das Icon klicken, wie in Abbildung 3.5 dargestellt.

Jedes Entwicklungsobjekt im SAP-Programm muss einem *Paket* zugewiesen werden. Entsprechend wird dieses beim ersten *Sichern* eines SAPscript-Formulars abgefragt, wie Abbildung 3.6 zeigt. Bitte lassen Sie das Feld PAKET frei und wählen Sie hier nur den Button Lokales Objekt, da wir lediglich ein Testformular anlegen und dieses nicht transportiert werden muss.

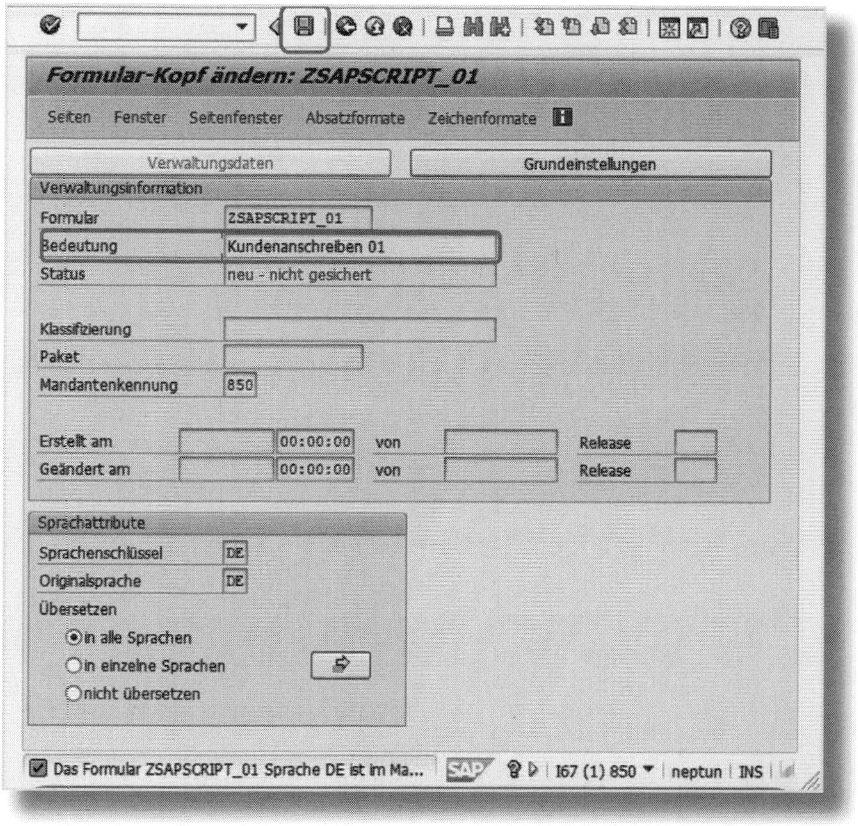

Formular-Kopf ändern: ZSAPSCRIPT_01

Seiten Fenster Seitenfenster Absatzformate Zeichenformate

Verwaltungsdaten Grundeinstellungen

Verwaltungsinformation

Formular ZSAPSCRIPT_01
Bedeutung Kundenanschreiben 01
Status neu - nicht gesichert

Klassifizierung
Paket
Mandantenkennung 850

Erstellt am 00:00:00 von Release
Geändert am 00:00:00 von Release

Sprachattribute

Sprachenschlüssel DE
Originalsprache DE
Übersetzen
in alle Sprachen
in einzelne Sprachen
nicht übersetzen

Das Formular ZSAPSCRIPT_01 Sprache DE ist im Ma... I67 (1) 850 neptun INS

Abbildung 3.5: Kopfdaten

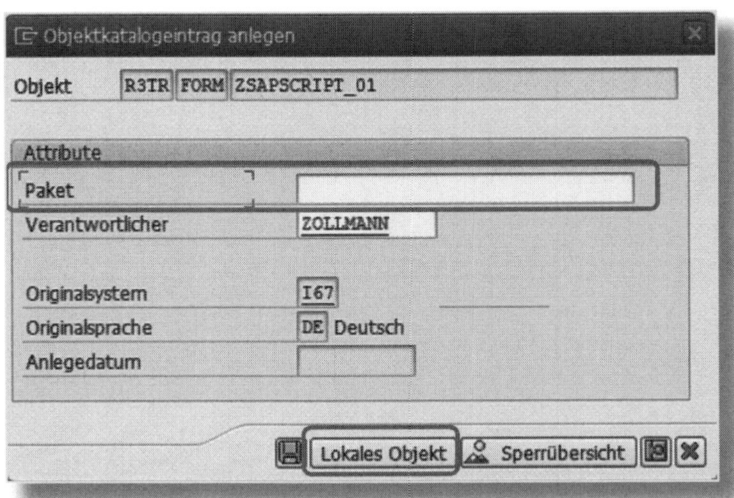

Abbildung 3.6: Paketzuordnung des SAPscript-Formulars

Paketzuordnung

Wird ein SAPscript-Formular als lokales Objekt abgelegt, kann es nicht in andere Systeme wie beispielsweise ein Integrations- oder Produktivsystem transportiert werden – es existiert nur lokal in diesem System. Soll Ihr SAPscript-Formular in andere Systeme transportiert werden, ist die Angabe eines Paketnamens notwendig, und Sie müssen einen Transportauftrag anlegen.

Sollten Sie sich mit Pakten und Transportaufträgen nicht auskennen, wenden Sie sich bitte an Ihre zuständige Entwicklungsabteilung, dort kann man Ihnen sicher weiterhelfen.

Die Kopfdaten des SAPscript-Formulars werden angezeigt. Der STATUS hat gewechselt: von »neu – nicht gesichert« auf »neu – gesichert«, wie Abbildung 3.7 zeigt.

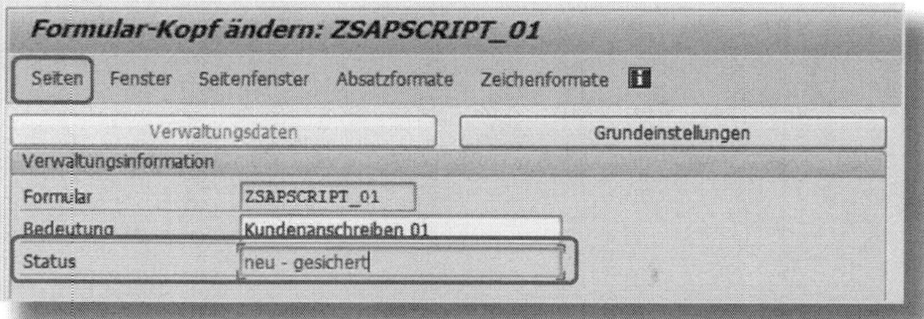

Abbildung 3.7: Status »neu - gesichert«

3.1.1 Seiten

Um eine erste Seite anzulegen, klicken Sie in der Schaltfläche Seiten Fenster Seitenfenster Absatzformate Zeichenformate auf Seiten oder nutzen Sie den Menüpfad Springen • Seiten.

Es werden sodann Seiten des SAPscript-Formulars angezeigt. Bisher sind solche nicht vorhanden (siehe Abbildung 3.8) und es werden auch keine automatisch vom System angelegt. Legen Sie die erste Seite an, indem Sie im Feld Seite *FIRST* eintragen.

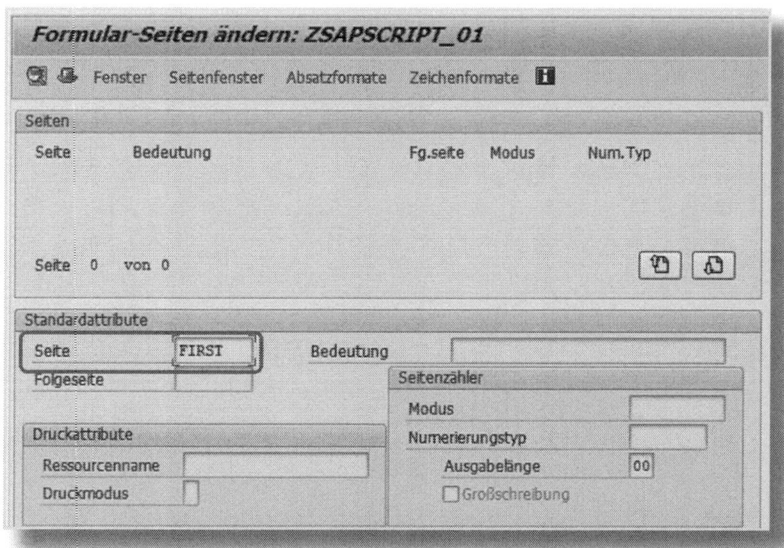

Abbildung 3.8: Seiteneintragung, initial

Bestätigen Sie die Eingabe mit [↵], nun wird die erste Seite angelegt. Sie müssen als Bedeutung noch »erste Seite« und als Folgeseite »FIRST« angeben, wie in Abbildung 3.9 zu sehen.

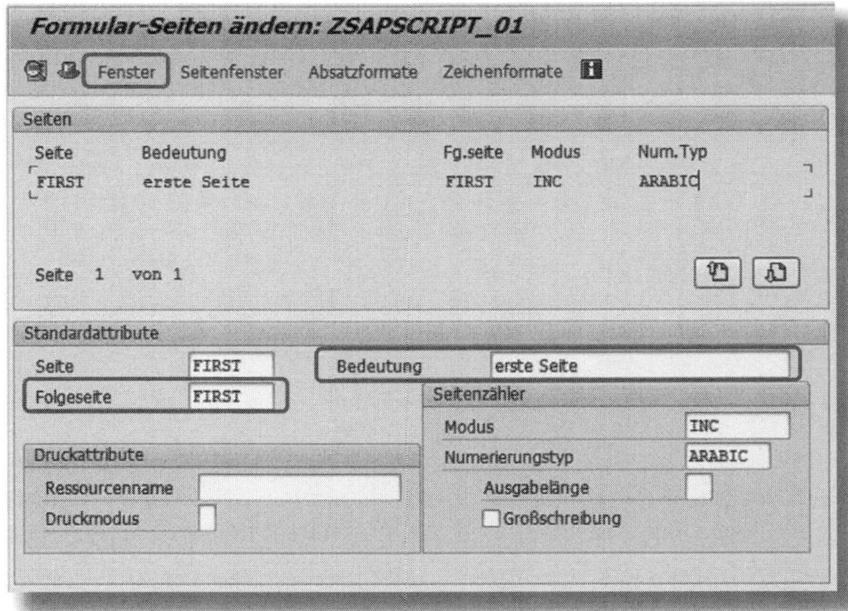

Abbildung 3.9: Angelegte erste Seite

Folgeseite

Bei der Ausgabe eines Dokuments enthält das MAIN-Fenster Text, der oft über mehrere Seiten ausgeben wird, beispielsweise bei einer Rechnung mit vielen einzelnen Positionen. Wird zu einer Seite hier keine Folgeseite angegeben, endet die Ausgabe automatisch am Seitenende, auch wenn noch weiterer Text vorhanden wäre. Damit solch ein Abbruch nicht geschieht, geben Sie bitte immer eine Folgeseite in Abhängigkeit vom Layout der Folgeseiten an:

- Legen Sie vorher ein neue Seite »NEXT« an und verweisen Sie auf diese.

- ▶ Wenn das Layout gleich bleiben soll, dann verweist die Seite wie in unserem Beispiel einfach auf sich selbst.

3.1.2 Fenster

Nun wechseln Sie zu den Fenstern, indem Sie unter Fenster Seitenfenster Absatzformate Zeichenformate auf FENSTER klicken oder gehen Sie über den Pfad SPRINGEN • FENSTER. Wie in Abbildung 3.10 zu sehen, wurde vom System bereits automatisch das FENSTER »MAIN« als HAUPTFENSTER mit dem gleichnamigen FENSTERTYP angelegt.

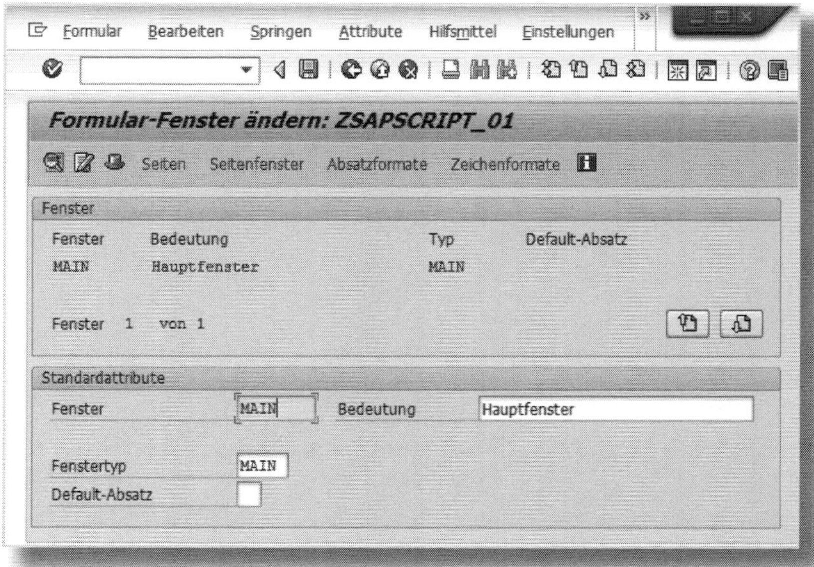

Abbildung 3.10: Angelegtes Hauptfenster

Für unser Beispiel benötigen wir ein weiteres Fenster für die Absenderadresse. Um dieses zu erstellen, nutzen Sie den Menüpfad BEARBEITEN • ANLEGEN ELEMENT...

Geben Sie im sich öffnenden Pop-up, wie in Abbildung 3.11 vorgegeben, beim Fenster *ABSENDER* und bei Bedeutung *Absender-Adresse* ein. Bestätigen Sie Ihre Eingabe mit [↵].

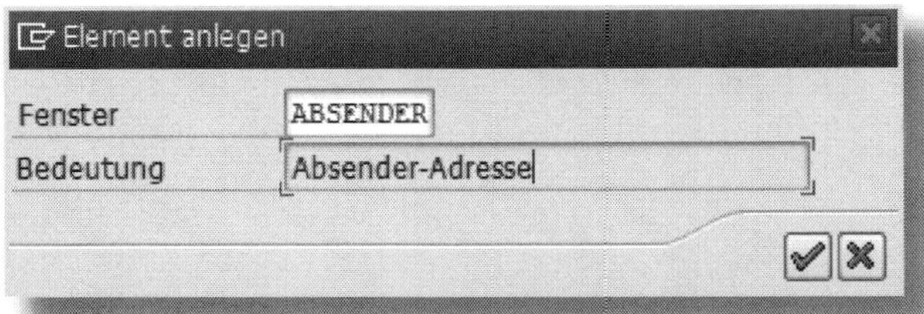

Abbildung 3.11: Anlegen eines weiteren Fensters

Das neue Fenster »ABSENDER« wurde mit dem Fenstertyp »VAR« angelegt (siehe Abbildung 3.12).

Abbildung 3.12: Angelegtes neues Fenster ABSENDER

3.1.3 Seitenfenster

Klicken Sie nun in der Schaltfläche [Seiten Seitenfenster Absatzformate Zeichenformate] auf Seitenfenster oder gehen Sie über den Pfad Springen • Seitenfenster, damit Sie Seiten und Fenster zusammenfügen können. Die Übersicht der Seitenfenster zur Seite »FIRST« wird initial – ohne Seitenfenster – dargestellt (siehe Abbildung 3.13).

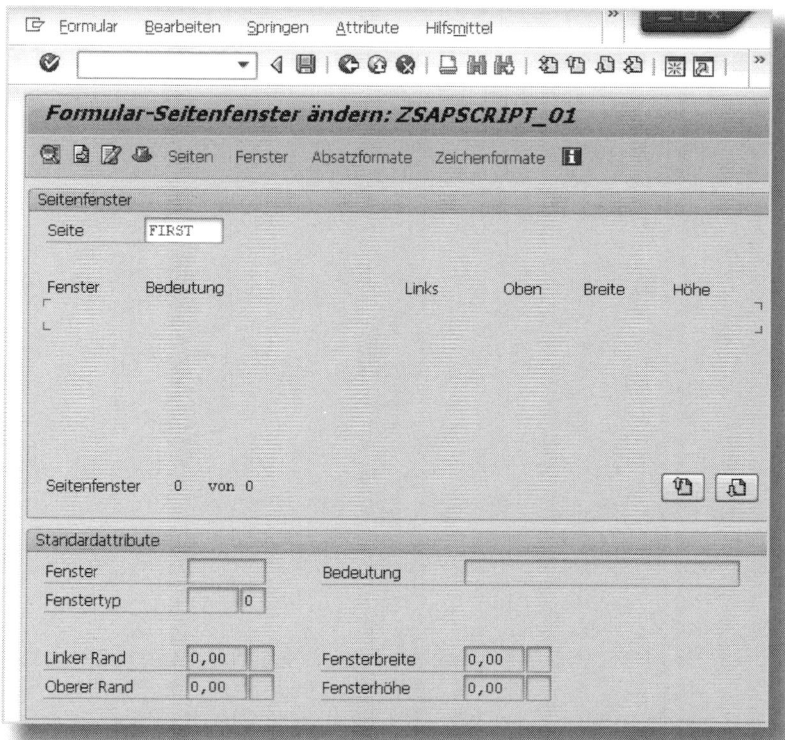

Abbildung 3.13: Seitenfenster der Seite FIRST

Zum Anlegen eines Seitenfensters auf der Seite wählen Sie den Menüpfad Bearbeiten • Anlegen Element...

Es öffnet sich ein Pop-up, in dem alle zur Verfügung stehenden Fenster angezeigt werden (siehe Abbildung 3.14). Wählen Sie das erste Fenster »ABSENDER« durch Doppelklick auf dessen Bezeichnung aus.

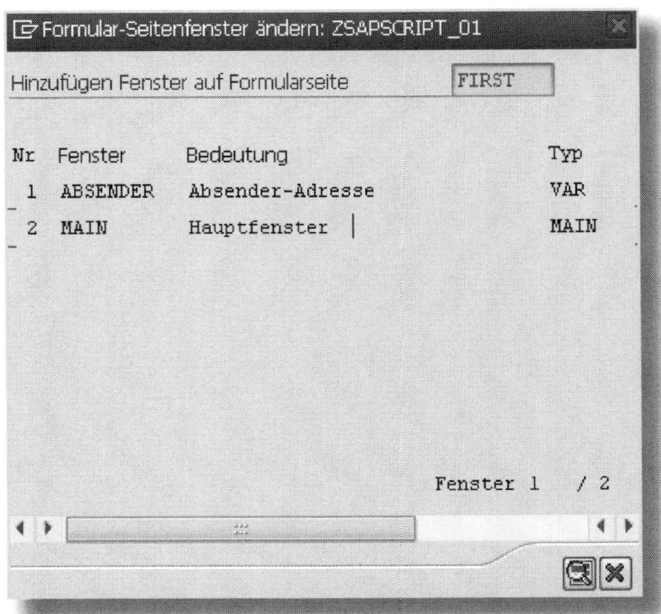

Abbildung 3.14: Hinzufügen von Fenstern auf SAPscript-Formularseite

Das Fenster »ABSENDER« wird initial ohne Koordinatenangaben auf der Seite »FIRST« angelegt. Sie müssen zu jedem Seitenfenster mindestens die Fensterbreite und die Fensterhöhe angeben. Linker Rand und oberer Rand sind optionale Angaben; wenn hier nichts angegeben ist, beginnt das Seitenfenster immer in der linken oberen Ecke des Dokuments. Übernehmen Sie die Koordinaten entsprechend der Abbildung 3.15 im Fenster »ABSENDER«:

- ▶ Linker Rand 12,50 CM
- ▶ Oberer Rand 1,00 CM
- ▶ Fensterbreite 7,00 CM
- ▶ Fensterhöhe 2,50 CM

Standardattribute

Fenster	ABSENDER		Bedeutung	Absender-Adresse	
Fenstertyp	VAR				
Linker Rand	12,50	CM	Fensterbreite	7,00	CM
Oberer Rand	1,00	CM	Fensterhöhe	2,50	CM

Abbildung 3.15: ABSENDER auf der Seite FIRST

Legen Sie nun über den bereits bekannten Weg (Bearbeiten • Anlegen Element...) das Fenster »MAIN« auf der Seite »FIRST« an.

Beim Pop-up zur Auswahl der Fenster wird Ihnen nur noch das MAIN-Fenster angeboten. Da das Fenster »ABSENDER« vom Typ »VAR« ist, kann dieses auf einer Seite nur einmal zugewiesen werden, entsprechend wird es bei der Auswahl nicht mehr angezeigt. Tragen Sie zum MAIN-Fenster die Koordinaten entsprechend Abbildung 3.16 ein:

- ▶ Linker Rand 1,50 CM
- ▶ Oberer Rand 5,00 CM
- ▶ Fensterbreite 18,00 CM
- ▶ Fensterhöhe 17,50 CM

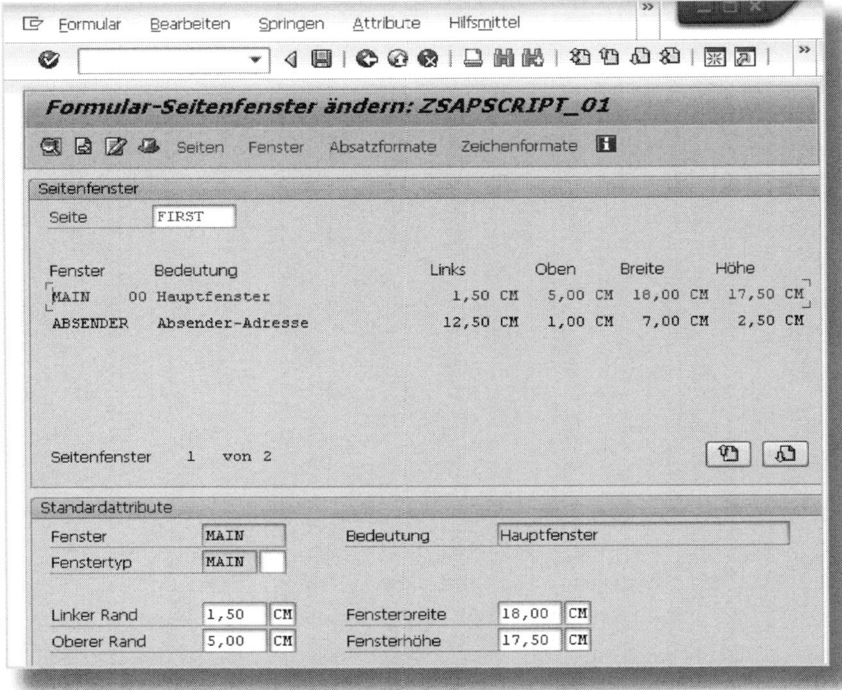

Abbildung 3.16: Seite FIRST mit zwei Fenstern

3.1.4 Seitenlayout

Um sich das spätere Seitenlayout anzusehen, wählen Sie im Menü Hilfsmittel • Seitenlayout. Die sich öffnende Anzeige entspricht der Anzeige in Abbildung 3.17. Sie verlassen die Ansicht zum Seitenlayout mit dem grünen Pfeil bzw. der Taste F3.

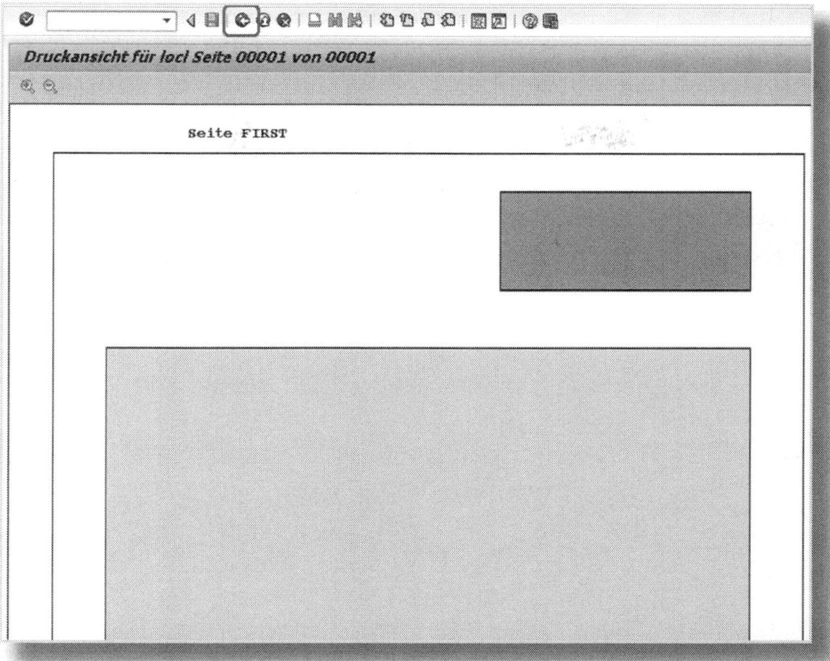

Abbildung 3.17: Seitenlayout der Seite FIRST

3.1.5 Textelemente

Sie sind wieder auf der Anzeige des SEITENFENSTERS der SEITE »FIRST«.

Formular sichern

Bitte denken Sie daran, immer wieder zwischendurch das SAPscript-Formular zu sichern. Dies ist einerseits über den Button SICHERN oder auch mittels der Tastenkombination `Strg` + `S` möglich.

Sie haben auf der Seite die Seitenfenster angelegt, nun fehlen noch die Texte der einzelnen Fenster. Dazu müssen die entsprechenden Textelemente gepflegt werden.

Wählen Sie das FENSTER »ABSENDER« per Doppelklick aus. Die entsprechende Zeile in der Übersicht wird blau markiert und die STANDARDATTRIBUTE des Fensters werden im unteren Bereich des Screens angezeigt. Zum Anpassen der entsprechenden Textelemente klicken Sie auf TEXTELEMENTE oder drücken Sie die Taste F9.

Der Texteditor zur Pflege der Textelemente wird geöffnet. Fügen Sie eine Absenderadresse (siehe Abbildung 3.18) in den Texteditor ein.

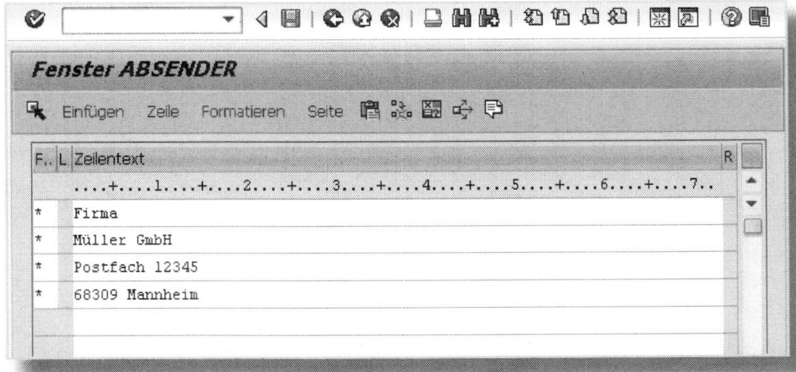

Abbildung 3.18: Textelemente Fenster ABSENDER

Zeileneditor

Wenn Sie das Beispiel parallel in Ihrem System anlegen, vergewissern Sie sich bitte, dass Sie den Zeileneditor verwenden, da alle Beispiele in diesem Buch mit diesem dargestellt werden. Wenn Ihr Bildschirm wie in Abbildung 3.18 aussieht, dann sind die Einstellungen korrekt. Ansonsten können Sie die Darstellung über den Menüpfad SPRINGEN • EDITOR WECHSELN... (siehe dazu auch Abschnitt 2.2.1) ändern.

In den Textelementen des Fensters »ABSENDER« sind nur einzelne Zeilen enthalten. Jede Zeile hat als Format in der ersten Spalte jeweils einen Stern, das *Default-Absatzformat*, das nachher von Ihnen in den Grundeinstellungen noch definiert wird. In der Spalte Zeilentext ist jener Text angegeben, der später gedruckt werden soll.

Textelemente sichern

Bei den Textelementen ist der SAP-Standard-Button zum Sichern – die Diskette – grau hinterlegt und kann nicht verwendet werden. Die Textelemente werden immer automatisch zusammen mit dem SAPscript-Formular gesichert, somit ist ein separates Abspeichern nicht notwendig.

Sie verlassen die Anzeige zu Textelementen des Fensters »ABSENDER« über den grünen Pfeil bzw. mit der Taste F3 und gelangen wieder auf die Anzeige der Seitenfenster der Seite »FIRST«.

Nun wählen Sie mit Doppelklick das Fenster »MAIN« aus und verzweigen in die entsprechenden Textelemente (mit F9). Pflegen Sie einen Text in den Texteditor ein (siehe Abbildung 3.19) ein.

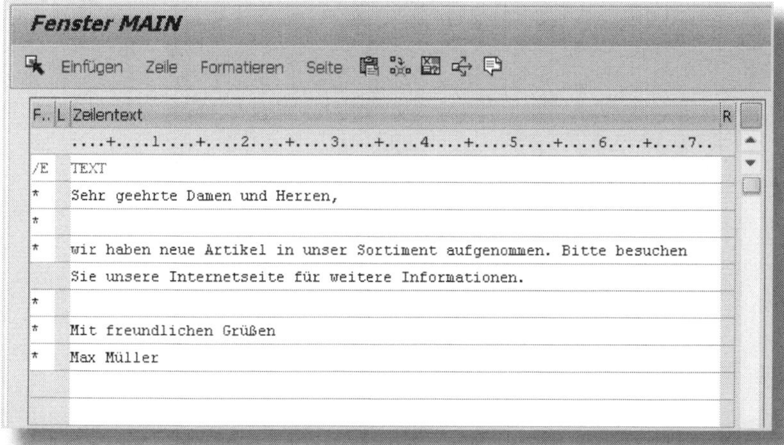

Abbildung 3.19: Textelemente des Fensters MAIN

Bei diesem Text gibt es nun nicht nur Zeilen mit dem Format »*«, sondern es werden zwei weitere SAP-Standard-Absatzformate verwendet: »/E« (Zeile 1) und »LEER« (Zeile 5).

Verlassen Sie nun die Anzeige der Textelemente des Fensters »MAIN« wieder und gehen Sie zurück auf die Anzeige der Seitenfenster der Seite »FIRST«. Denken Sie daran, das SAPscript-Formular zwischendurch zu sichern.

3.1.6 Absatzformate

Jetzt wird noch ein eigendefiniertes Absatzformat benötigt. Dazu klicken Sie unter auf Absatzformat oder nutzen den Menüpfad Springen • Absatzformat. Sie sehen eine leere Übersicht der Absatzformate, da kein Absatzformat initial eingestellt ist. Legen Sie das erste Absatzformat an, indem Sie im Feld Absatz *A1* eintragen (siehe Abbildung 3.20).

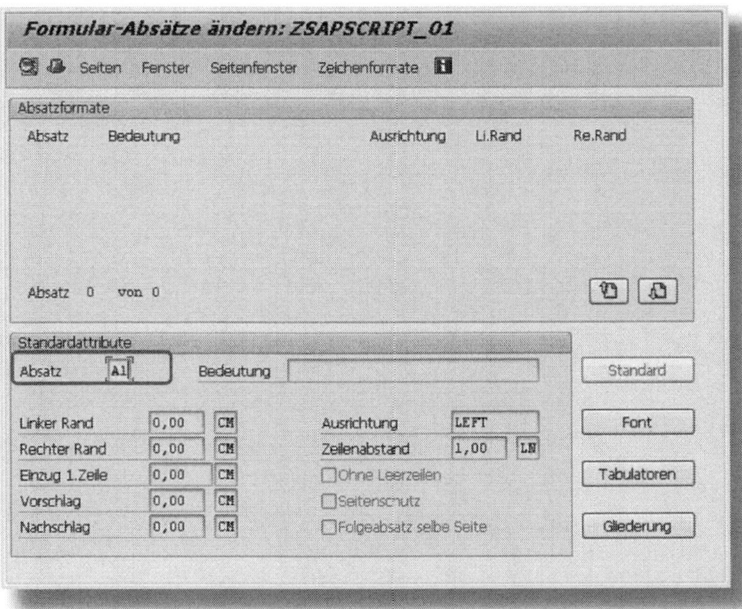

Abbildung 3.20: Absatzformat eintragen

Bestätigen Sie die Eingabe mit [↵], der Absatz »A1« wird angelegt. Geben Sie als Bedeutung *Default-Absatz* an. Alle anderen Eingaben bleiben so erhalten, wie im System vorgegeben.

3.1.7 Grundeinstellungen

Nun müssen Sie noch die Grundeinstellungen des SAPscript-Formulars pflegen. Dazu klicken Sie unter [Seiten Fenster Seitenfenster Zeichenformate] auf Kopf oder nutzen den Menüpfad Springen • Kopf. Der Formular-Kopf von SAPscript wird angezeigt. Klicken Sie auf den Button Grundeinstellungen (siehe Abbildung 3.21).

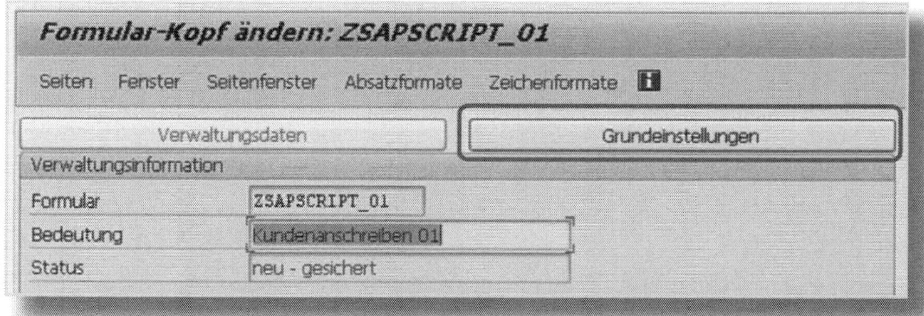

Abbildung 3.21: SAPscript-Formular-Kopf

Tragen Sie in die Felder Default-Absatz *A1* und in Startseite *FIRST* ein, wie in Abbildung 3.22 zu sehen.

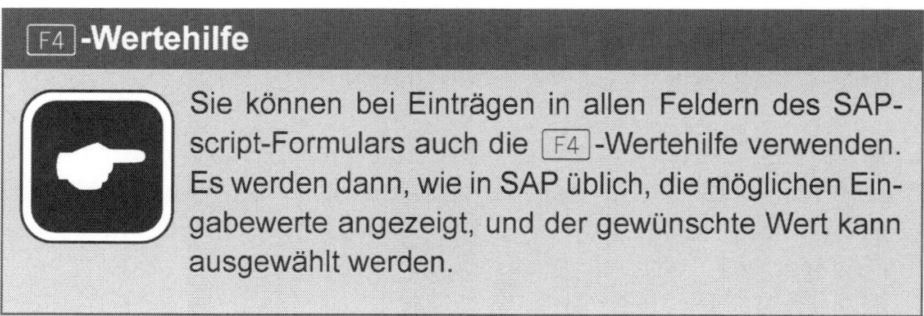

[F4]-Wertehilfe

Sie können bei Einträgen in allen Feldern des SAPscript-Formulars auch die [F4]-Wertehilfe verwenden. Es werden dann, wie in SAP üblich, die möglichen Eingabewerte angezeigt, und der gewünschte Wert kann ausgewählt werden.

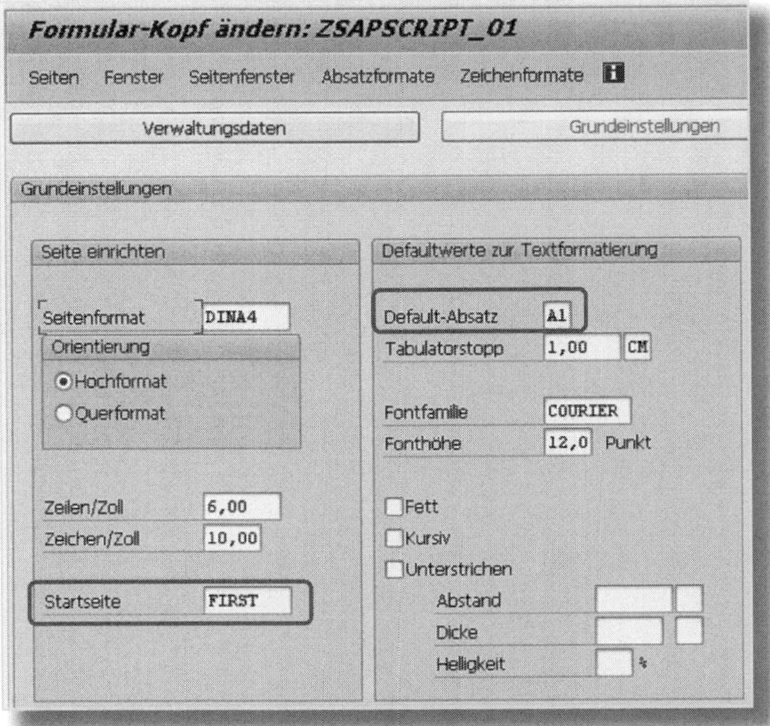

Abbildung 3.22: Grundeinstellungen

Nun sind alle notwendigen Eingaben für Ihr erstes SAPscript-Formular getätigt.

3.1.8 Testdruck

Einen ersten *Testdruck* können Sie sich im SAPscript-Formular ansehen. Dazu nutzen Sie den Menüpfad HILFSMITTEL • TESTDRUCK. Das SAP-Standard-Pop-up zur Eingabe des Druckers wird geöffnet. Wählen Sie hier den Button [Druckansicht].

Drucker

Nicht nur für das Ausdrucken von Dokumenten ist ein Drucker notwendig, er muss auch zum Anzeigen der reinen Druckansicht angegeben werden. Sollten Sie nicht wissen, auf welchem Drucker Sie in Ihrem System drucken können, wenden Sie sich bitte an Ihre SAP-Basis.

Die Druckansicht sollte der in Abbildung 3.23 entsprechen. Sie verlassen die Anzeige des Testdrucks über den grünen Pfeil bzw. mit der Taste F3.

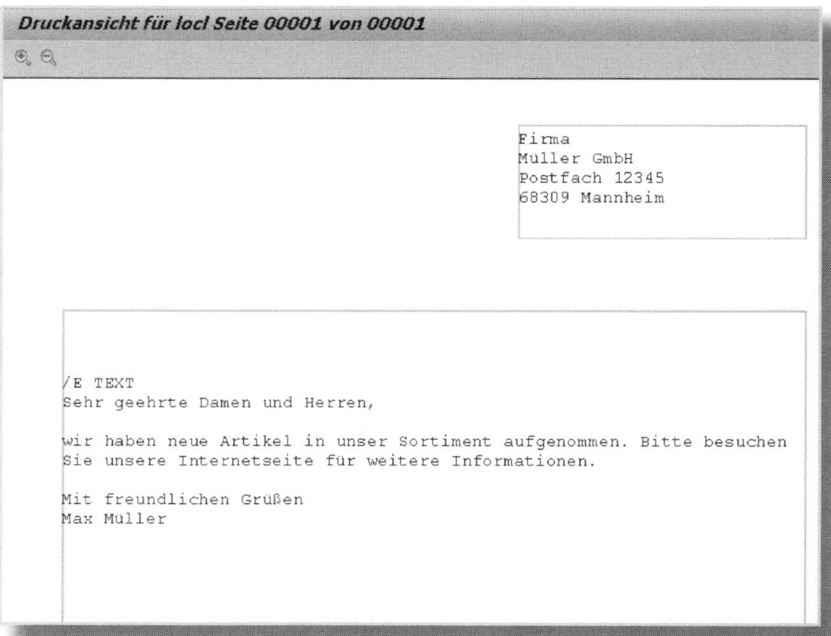

Abbildung 3.23: Testdruck

3.1.9 Formular aktivieren

Der letzte nun noch notwendige Schritt ist das *Aktivieren des SAP-script-Formulars*. Dazu nutzen Sie den Menüpfad Formular • aktivieren. Wenn alle Eingaben korrekt waren, erscheint in der Fußleiste des Bildschirms die Meldung »Das Formular xyz wurde erfolgreich aktiviert« und der Status wechselt auf »aktiv – gesichert« (siehe Abbildung 3.24).

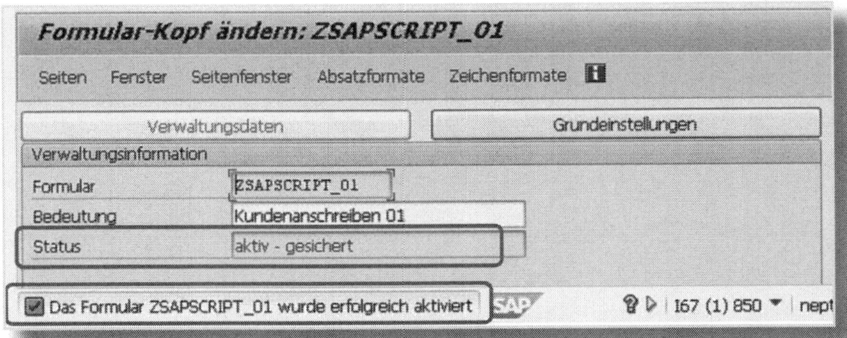

Abbildung 3.24: SAPscript-Formular wurde aktiviert

3.2 Formularausgabe über ein Druckprogramm

Damit Sie nun das erstellte SAPscript-Formular ausdrucken können, wird das entsprechende Druckprogramm benötigt.

Rufen Sie den ABAP-Editor über die Transaktion *SE38* auf oder gehen Sie im SAP-Menü über den Pfad Werkzeuge • ABAP Workbench • Entwicklung • ABAP Editor (siehe Abbildung 3.25).

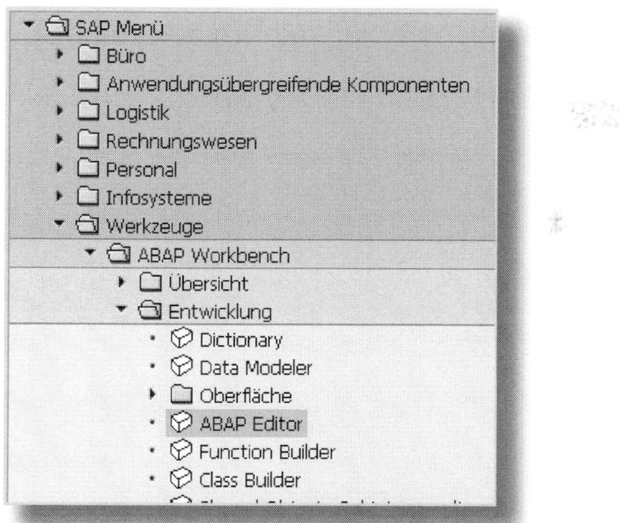

Abbildung 3.25: Aufruf des ABAP-Editors (SE38)

Es wird das Einstiegsbild des ABAP Editors angezeigt. Tragen Sie im Feld Programm *ZSAPSCRIPT_01* ein und klicken Sie auf den Button Anlegen (siehe Abbildung 3.26).

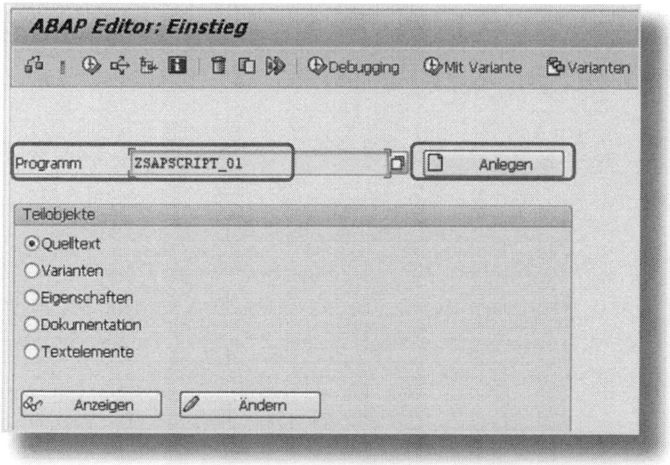

Abbildung 3.26: ABAP-Editor, Einstiegsbild

Geben Sie dem Programm den Titel *Kundenanschreiben 01*, den Typ *Ausführbares Programm* und sichern Sie diese Eingaben (siehe Abbildung 3.27).

Speichern Sie das Druckprogramm als temporäres Objekt (Paket $TEMP), wie bereits das SAPscript-Formular (siehe Abschnitt 3.1, Abbildung 3.6).

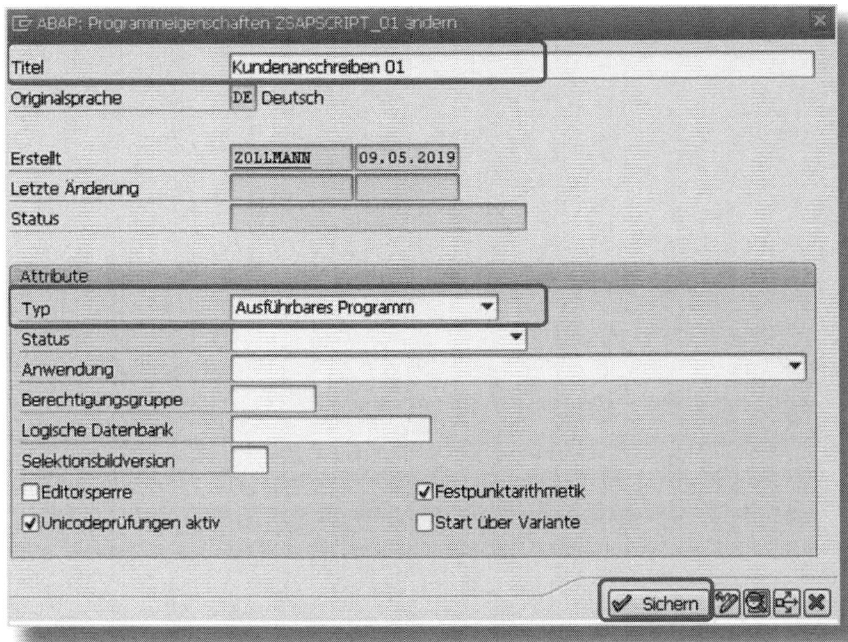

Abbildung 3.27: Programmeigenschaften

Der ABAP-Editor wird geöffnet, und Sie können mit dem Programmieren beginnen. Als Rahmen für die Ausgabe eines Dokuments werden die beiden Funktionsbausteine OPEN_FORM und CLOSE_FORM benötigt. Diese öffnen und schließen den Ausgabeauftrag.

Im Fenster »MAIN« haben Sie das Textelement »TEXT« definiert; damit dieses ausgegeben wird, muss es explizit mit dem Funktionsbaustein WRITE_TEXT aufgerufen werden. Weitere Aufrufe sind in Ihrem Druckprogramm nicht notwendig. Die Codierung für Ihr Druckprogramm lautet wie in Listing 3.1:

```
REPORT zsapscript_01.

* Öffnen des Ausgabeauftrags, mit Übergabe des Formulars
CALL FUNCTION 'OPEN_FORM'
  EXPORTING
    form = 'ZSAPSCRIPT_01'.

* Aufrufen des Textelements TEXT
CALL FUNCTION 'WRITE_FORM'
  EXPORTING
    element = 'TEXT'.

* Schließen des Ausgabeauftrags
CALL FUNCTION 'CLOSE_FORM'.
```

Listing 3.1: Ein erstes Druckprogramm

Aktivieren Sie das Programm über das Menü Programm • Aktivieren (oder [⇧] + [F3]) und führen Sie es aus (Taste [F8]). Es öffnet sich der *SAP-Standard-Druckdialog* (siehe Abbildung 3.28.) Tragen Sie in das Feld Ausgabegerät Ihren SAP-Drucker ein, markieren Sie das Feld Sofort ausgeben und klicken Sie auf den Button [Drucken].

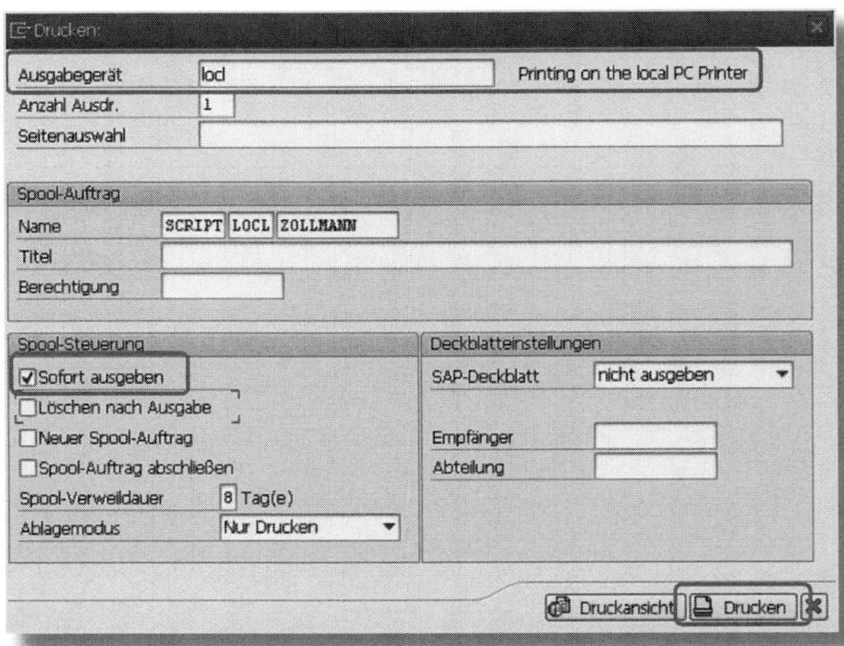

Abbildung 3.28: SAP-Standard-Druckdialog

Auf Ihrem Drucker wird ein Dokument entsprechend Abbildung 3.29 ausgegeben.

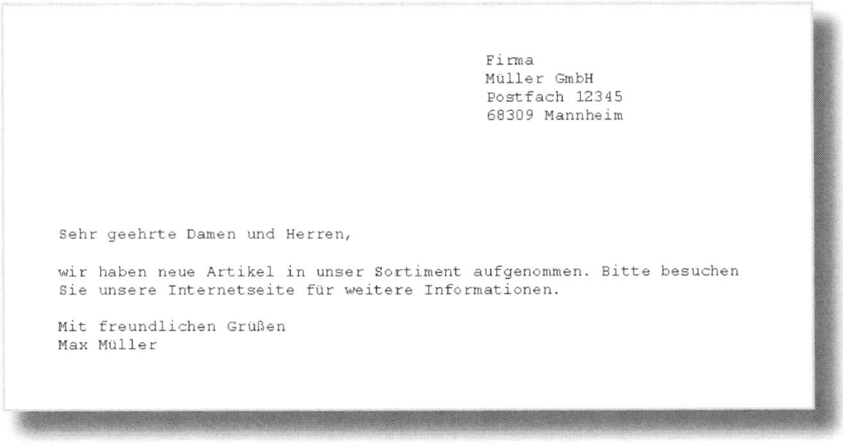

Firma
Müller GmbH
Postfach 12345
68309 Mannheim

Sehr geehrte Damen und Herren,

wir haben neue Artikel in unser Sortiment aufgenommen. Bitte besuchen Sie unsere Internetseite für weitere Informationen.

Mit freundlichen Grüßen
Max Müller

Abbildung 3.29: Ausdruck des ersten SAPscript-Formulars

Sie haben Ihr erstes SAPscript-Formular inkl. Druckprogramm angelegt.

Herzlichen Glückwunsch!

3.3 SAPscript im Detail

Sie haben ein SAPscript-Formular erstellt und mit dem passenden Druckprogramm ein entsprechendes Dokument ausgegeben. In den folgenden Abschnitten werde ich Ihnen weitere technische Details und Funktionen zu folgenden Begriffen erläutern:

- Mandantenabhängigkeit und Mandantendurchgriff
- Textelementen und Default-Textelementen
- Formatspalten und Zeilentext im Texteditor
- Paketzuordnung

3.3.1 Mandantenabhängigkeit

SAPscript-Formulare sind *mandantenabhängig*. Das bedeutet, dass ein SAPscript-Formular nur in dem Mandanten vorhanden ist, in dem es entwickelt bzw. in den es transportiert oder kopiert wurde. Zum Teil werden Testsysteme mit mehreren Mandanten aufgebaut:

- Entwicklungs-Mandant
- Customizing-Mandant
- Test-Mandant

Wenn in Ihrem SAP-System die Systemlandschaft mehrere Mandanten vorsieht, dann entwickeln Sie das SAPscript-Formular im Entwicklungs-Mandanten. Möchten Sie einen Test dazu im Test-Mandanten durchführen, müssen Sie das SAPscript-Formular dorthin übertragen. Dazu gibt es zwei Möglichkeiten:

- *Transportauftrag kopieren*
- *SAPscript-Formular kopieren*

Da es in manchen Unternehmen erlaubt ist, in Test-Mandanten zu entwickeln, kann ein SAPscript-Formular theoretisch auf verschiedenen Mandanten eines Systems mit dem gleichen Namen, aber unterschiedlichem Inhalt vorhanden sein. Um ein SAPscript-Formular aus zwei Mandanten gegenüberzustellen, bietet sich die Möglichkeit des *Mandantenvergleichs* an.

Einen Sonderstatus haben dabei die SAP-Standardformulare. Diese sind immer im Mandanten 000 abgelegt und stehen aufgrund des *Mandantendurchgriffs* in allen Mandanten zur Verfügung. Sie müssen nicht explizit kopiert werden.

Mandantenunabhängiges Druckprogramm

Das Druckprogramm ist ein ABAP-Objekt und mandantenunabhängig. Es wird zwar im Entwicklungs-Mandanten angelegt, steht damit aber auch sofort in allen angeschlossenen Mandanten des Systems zur Verfügung – es ist kein Kopieren notwendig.

Transportauftrag kopieren

Ist das SAPscript-Formular in einem Transportauftrag hinterlegt, kann über SAP-Standardmittel dieser Transportauftrag von einem Mandanten in einen anderen kopiert werden, so auch bei mandantenabhängigem Customizing. Dazu kann unter anderem die Transaktion *SCC1* verwendet werden. Bei Fragen dazu wenden Sie sich bitte an Ihre SAP-Basismannschaft.

SAPscript-Formular kopieren

Meist ist es jedoch so, dass nicht der ganze Transportauftrag kopiert werden soll oder das SAPscript-Formular als lokales Objekt angelegt wurde und somit in keinem Transportauftrag enthalten ist. In diesen Fällen muss das SAPscript-Formular in den entsprechenden Mandanten kopiert werden.

Um ein SAPscript-Formular von einem Mandanten in den nächsten zu kopieren, melden Sie sich in dem Mandanten an, in den das SAPscript-Formular kopiert werden soll. Rufen Sie den Form Painter über die Transaktion *SE71* auf und gehen Sie über den Menüpfad Hilfsmittel • Kopieren von Mandant. Auf dem Einstiegsbild (siehe Abbildung 3.30) nehmen Sie folgende Eintragungen vor:

- In das Feld Formularname den Namen des SAPscript-Formulars ein, das Sie kopieren möchten, zum Beispiel *ZSAPSCRIPT_01*,
- im Feld Quellmandant die Nummer des Mandanten, von dem Sie das SAPscript-Formular kopieren möchten,
- als Zielformular den gleichen Namen wie im Feld Formularnamen.

Markieren Sie abschließend das Kennzeichen Ablauf-Protokoll und führen Sie die Transaktion mit F8 aus.

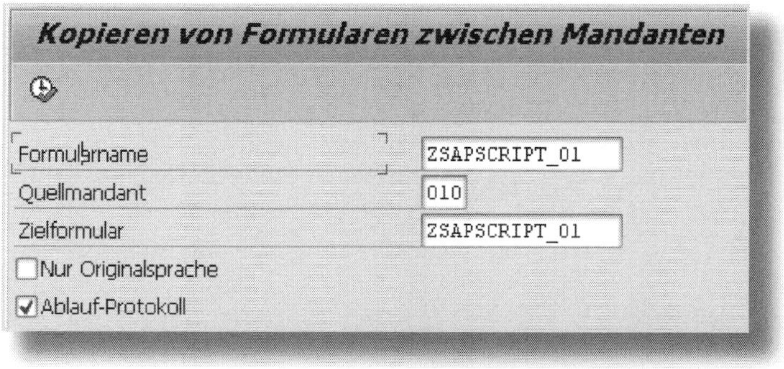

Abbildung 3.30: Kopieren von SAPscript-Formularen

Sollte das SAPscript-Formular bereits im Mandanten vorhanden sein, erfolgt zusätzlich die Abfrage, ob es überschrieben werden soll. Vergewissern Sie sich dabei, dass Sie das richtige SAPscript-Formular überschreiben – Schreibfehler sind schnell passiert.

Es erscheint ein Ablaufprotokoll entsprechend Abbildung 3.31. Das SAPscript-Formular ist demnach nun auch in diesem Mandanten vorhanden.

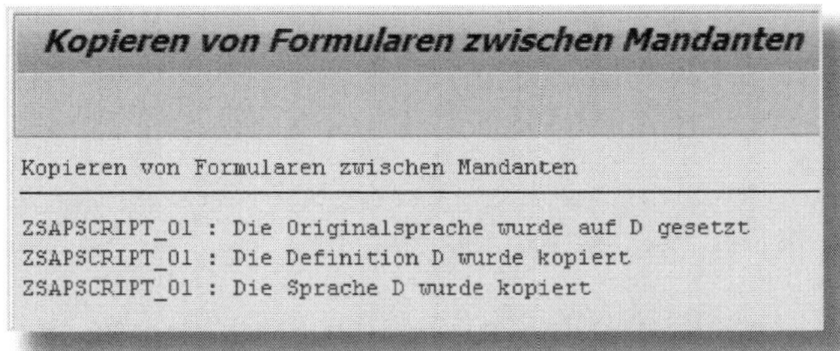

Abbildung 3.31: Ablaufprotokoll

Mandantenvergleich

Um ein SAPscript-Formular in zwei Mandanten zu vergleichen, rufen Sie im Form Painter (mit Transaktion *SE71*) den Menüeintrag Hilfsmittel • Mandantenvergleich auf. Im Einstiegsbild tragen Sie

- den entsprechenden Formularnamen,
- den Quellmandanten und
- den Zielmandanten ein.

Mit dem Ausführen der Transaktion (F8) wird Ihnen eine Übersicht aller Unterschiede des SAPscript-Formulars in beiden Mandanten angezeigt.

Mandantendurchgriff

SAP-Standardformulare sind nur im Mandanten 000 abgelegt. Möchten Sie sich ein solches SAPscript-Formular in einem anderen Mandanten, zum Beispiel mit dem Form Painter (Transaktion *SE71*), anzeigen lassen, dann erscheint dort folgende Infomeldung: »Das Formular XYZ Sprache DE ist im Mandanten 123 nicht vorhanden«. Das SAPscript-Formular enthält jedoch den Hinweis »Angezeigt wird Formular XYZ, Sprache DE, aus Mandant 000«.

Dies ist der sogenannte *Mandantendurchgriff*. Ist das SAPscript-Formular im aktuellen Mandanten nicht vorhanden, wird dasjenige aus dem Mandanten 000 verwendet. So spart man sich das Kopieren der SAPscript-Formulare in alle notwendigen Mandanten.

Sollte das SAPscript-Formular auch im Mandaten »000« nicht vorliegen, beispielsweise bei kundeneigenen SAPscript-Formularen, kommt es zu einer Fehlermeldung.

Auch für kundeneigene SAPscript-Formulare können Sie den Mandantendurchgriff verwenden. Dazu müssen Sie das entsprechende SAPscript-Formular in den Mandanten »000« kopieren. Meist wird dieser jedoch nur für SAP-eigene und nicht für Kundenentwicklungen eingesetzt – fragen Sie dazu Ihre SAP-Basismannschaft.

SAP-Standardformulare anpassen

Wünschen Sie Anpassungen an einem SAP-Standardformular, dann sollten Sie diese nie in Mandant 000 vornehmen, sondern wie folgt:

- Melden Sie sich im Entwicklungsmandanten an,
- kopieren Sie das SAP-Standardformular – beachten Sie dabei die Namenskonventionen von SAP (kundeneigene SAPscript-Formulare müssen mit »Z« oder »Y« beginnen) und
- passen Sie im Customizing den Zugriff an.

3.3.2 Textelemente im Texteditor

Textelemente gehören immer zu einem Fenster. Wird ein Fenster auf mehreren Seiten positioniert, ist der Inhalt des Fensters (die Textelemente) auf jeder Seite gleich und muss auch nur einmalig angelegt werden (siehe Abbildung 3.32). Über das Druckprogramm kann jedes Textelement der hinterlegten Logik entsprechend angesprochen und somit ausgedruckt werden.

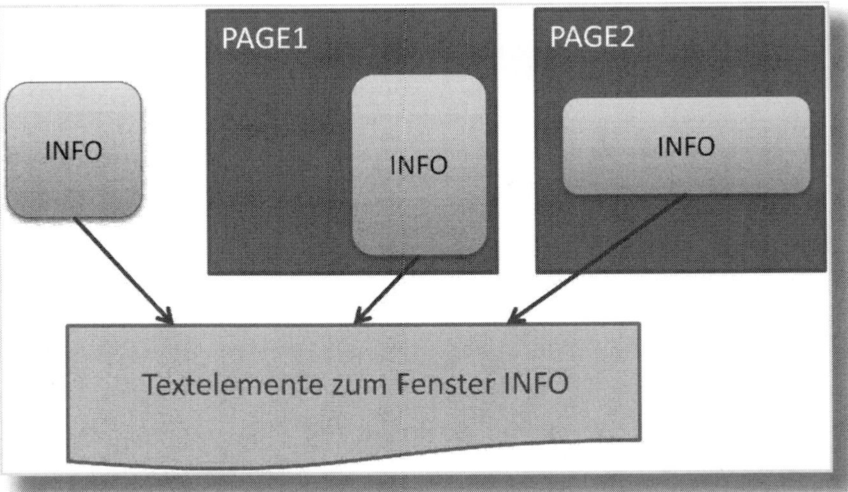

Abbildung 3.32: Textelemente eines Fensters

Fenster, Seiten, Seitenfenster, Absatz- und Zeichenformate bilden die Basis, quasi das »Knochengerüst« eines SAPscript-Formulars, und bestimmen, wie die Ausgabe später aussehen soll. Das Ganze wird mit den Textelementen aufgefüllt – bildlich gesprochen: dem Fleisch am Knochen.

Textelemente werden durch ein »/E« in der Formatspalte gekennzeichnet. Sie beginnen mit dieser /E-Zeile und enden vor der nächsten /E-Zeile. Sollte ein Fenster ohne /E-Zeile beginnen, dann ist dieses ein *Default-Textelement* (siehe Abbildung 3.33).

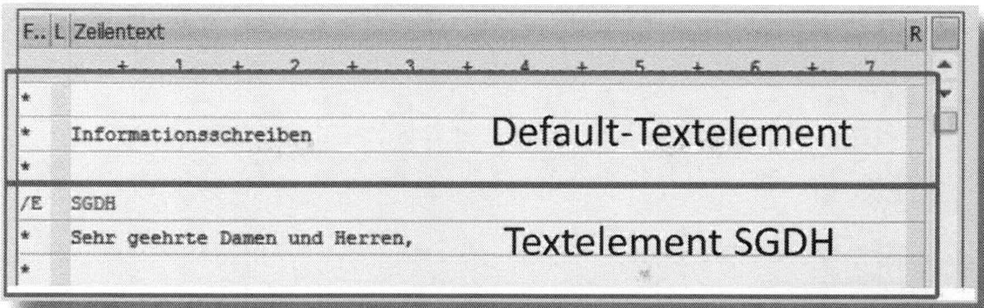

Abbildung 3.33: Textelemente

Default-Textelemente (Textelemente ohne Namen)

Pro Fenster ist nur ein Default-Textelement möglich. Ist bereits die erste Zeile ein /E-Absatz, so existiert kein Default-Textelement. Enthält das gesamte Fenster keines, dann ist der vollständige Fensterinhalt das Default-Textelement.

Ein expliziter Aufruf aus dem Druckprogramm ist nicht notwendig. Die Default-Textelemente werden immer zu Beginn eines Fensters automatisch ausgegeben. Einzige Ausnahme ist das MAIN-Fenster, hier wird das Default-Textelement einmalig zu Beginn auf der ersten Seite gedruckt.

Solch ein Default-Textelement haben wir in unserem Beispiel im Fenster »ABSENDER« verwendet (vgl. Abschnitt 3.1.5), da die Absenderadresse immer auf allen Seiten erscheinen soll, ohne explizit vom Druckprogramm aufgerufen zu werden.

Textelemente mit Namen

Der Name eines Textelements darf 30 Zeichen lang sein und aus Buchstaben, Ziffern und/oder Sonderzeichen bestehen, jedoch dürfen keine Leerzeichen verwendet werden.

Textelemente können den gleichen Namen in unterschiedlichen Fenstern haben. Beim Aufruf über den Funktionsbaustein WRITE_FORM im Druckprogramm wird deshalb immer das entsprechende Fenster mit angegeben (siehe Abbildung 3.34).

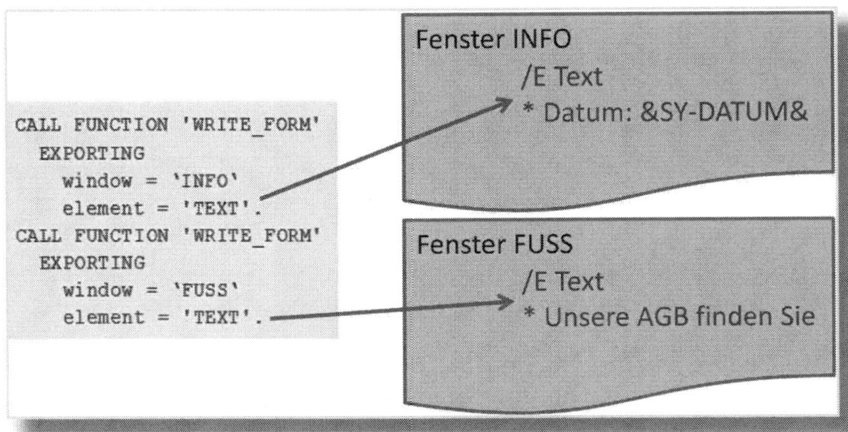

Abbildung 3.34: Aufruf Textelement TEXT in verschiedenen Fenstern

Wird kein Fenster beim WRITE_FORM mitgegeben, dann erfolgt die Ausgabe immer im Fenster »MAIN«.

Elemente aufrufen, die nicht existieren

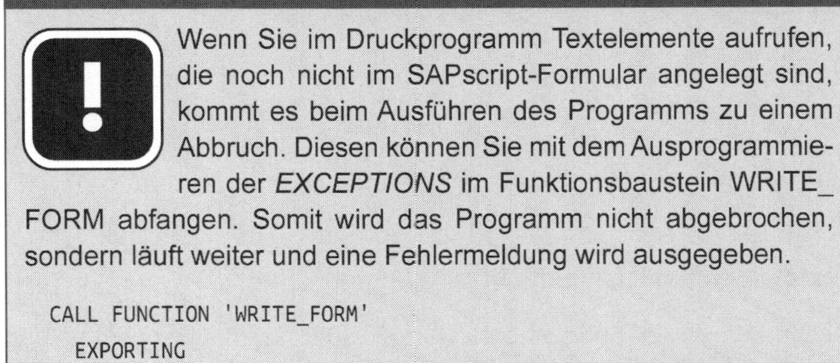

Wenn Sie im Druckprogramm Textelemente aufrufen, die noch nicht im SAPscript-Formular angelegt sind, kommt es beim Ausführen des Programms zu einem Abbruch. Diesen können Sie mit dem Ausprogrammieren der *EXCEPTIONS* im Funktionsbaustein WRITE_FORM abfangen. Somit wird das Programm nicht abgebrochen, sondern läuft weiter und eine Fehlermeldung wird ausgegeben.

```
CALL FUNCTION 'WRITE_FORM'
  EXPORTING
    element                    = 'TEXT'
    function                   = 'SET'
    type                       = 'BODY'
    window                     = 'MAIN'
```

```
    EXCEPTIONS
      element                   = 1
      OTHERS                    = 2.
  IF sy-subrc <> 0.
    MESSAGE ID sy-msgid
            TYPE sy-msgty
            NUMBER sy-msgno
            WITH sy-msgv1 sy-msgv2 sy-msgv3 sy-msgv4.
  ENDIF.
```

In unserem Beispiel sind die EXCEPTIONS nicht ausprogrammiert.

Der Texteditor

Gepflegt werden die Textelemente im Texteditor. Das Arbeiten mit dem herkömmlichen Zeileneditor ist etwas gewöhnungsbedürftig – vor allem, wenn Sie tagtäglich mit den heute üblichen Textverarbeitungsprogrammen arbeiten. Der Texteditor (vgl. Abbildung 3.35) ist aufgeteilt in:

- Formatspalte,
- Zeilentext.

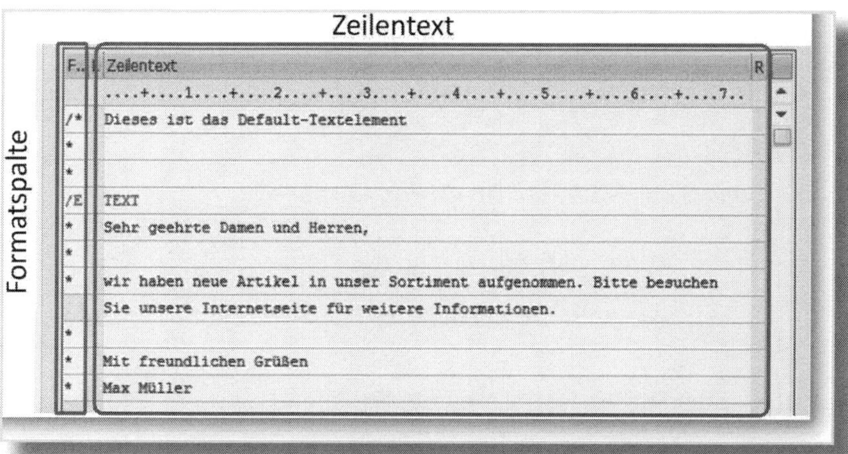

Abbildung 3.35: Zeileneditor

Formatspalte

In der *Formatspalte* wird angegeben, mit welcher Formatierung der Inhalt der Spalte Zeilentext ausgegeben werden soll, bzw. werden Steuerkommandos eingeleitet.

Wenn Sie den Formatschlüssel über die F4-Wertehilfe der entsprechenden Zeile auswählen, werden Ihnen die möglichen Einträge angezeigt (siehe Abbildung 3.36).

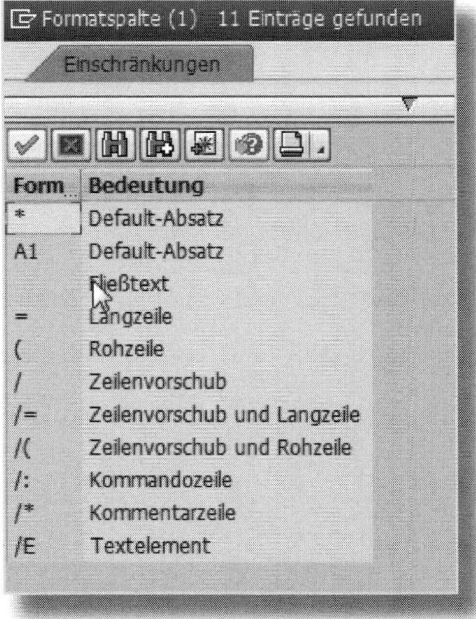

Abbildung 3.36: F4-Wertehilfe für Formatspalte

Über die F4-Wertehilfe bekommen Sie Folgendes angezeigt:

- eigendefinierte Absatzformate des SAPscript-Formulars (hier A1),
- Standard-Absatz-/Zeilenformate.

In der folgenden Tabelle 3.1 habe ich die Formatschlüssel mit ihren Bedeutungen für Sie übersichtlich zusammengestellt.

Format-schlüssel	Bedeutung
*	Der *Default-Absatz* wird in den Grundeinstellungen des SAPscript-Formulars festgelegt. Der Stern verweist auf dieses Format, das zur Ausgabeaufbereitung für die folgenden Zeilen dient – bis ein neues Zeilenformat angegeben wird.
A1	Alle eigendefinierten Absatzformate des SAPscript-Formulars werden in der F4-Wertehilfe mit ihrem entsprechenden Kürzel und Namen angezeigt. In diesem Beispiel ist nur das Format A1 als Default-Absatz definiert. Die folgenden Zeilen werden entsprechend diesem Format aufbereitet – bis ein neues Zeilenformat angegeben wird.
blank	Um *Fließtext* darzustellen, wird die Formatspalte leergelassen. Somit ist bei der Ausgabe klar, dass der Text entsprechend dem Fenster ausgegeben wird und es einen expliziten Zeilenumbruch erst am Ende des gesamten Textes geben soll. Es wird jenes Absatzformat verwendet, das zuvor gesetzt worden ist. Zeilen, die weder einen Eintrag in der Spalte Format noch in der Spalte Zeilentext haben, werden nicht ausgegeben. Das System löscht diese Zeilen automatisch, es entsteht keine Leerzeile.

Formatschlüssel	Bedeutung

=	Die *Langzeile* entspricht dem Fließtext, jedoch wird der Inhalt des Zeilentextes direkt an die vorhergehende Zeile ohne Leerzeichen angefügt.
	Beispiel:
	`*   Der neue Sport`
	`=   wagen liegt gut auf der Straße.`
	Es wird ausgegeben:
	`Der neue Sportwagen liegt gut auf der Straße.`
	Wenn zwischen den beiden Zeilen ein Leerzeichen ausgegeben werden soll, muss es zu Beginn der Langzeile eingefügt werden – im nachfolgenden Beispiel habe ich das zusätzliche Leerzeichen mit einem Unterstrich markiert.
	`*   Der neue Sportwagen`
	`=   _liegt gut auf der Straße.`
	Es wird ausgegeben:
	`Der neue Sportwagen liegt gut auf der Straße.`

/	Der Inhalt im Zeilentext wird in eine neue Zeile geschrieben, es wird ein expliziter *Zeilenvorschub* gesetzt. Das letzte Absatzformat bleibt weiterhin gültig. Mit diesem Formatschlüssel können Sie zum Beispiel Leerzeilen erzeugen, indem Sie nichts in den ZEILENTEXT schreiben.
(	In einer *Rohzeile* wird der Inhalt im ZEILENTEXT nicht interpretiert und auch Zeichenformate werden nicht umgesetzt. Der Zeilentext wird direkt ausgegeben – so, wie er eingegeben wurde. Eine Rohzeile wird zum Beispiel bei einigen Etikettendruckern zur Ausgabe von Barcodes verwendet, dazu werden Printcontrols an den Drucker geschickt.

Format-schlüssel	Bedeutung
/(	Bei einer Rohzeile wird der Inhalt im ZEILENTEXT immer an die vorhergehende Zeile angehängt. Mit /(erfolgt jedoch erst ein Zeilenumbruch, dann wird der ZEILENTEXT zur Ausgabe übergeben.
/:	In der *Kommandozeile* werden im ZEILENTEXT Steuerkommandos direkt im SAPscript-Formular hinterlegt, beispielsweise PROTECT und ENTPROTECT. Hier ist ein zusätzlicher Aufruf über das Druckprogramm mit CONTROL_FORM nicht notwendig. Das Steuerkommando muss immer komplett in den ZEILENTEXT passen, ein Zeilenumbruch ist nicht möglich.
/*	Mit diesem Formatschlüssel werden *Kommentarzeilen* gekennzeichnet. Der Inhalt im ZEILENTEXT wird nicht ausgegeben.
/E	*Textelemente mit Namen* werden mit dem Formatschlüssel /E eingeleitet und können darüber direkt aus dem Druckprogramm mit WRITE_FORM angesprochen werden. Im Editor werden diese Zeilen zur optischen Unterscheidung rot dargestellt. Ein Textelement endet mit dem Beginn eines neuen Textelements – Überschneidungen sind nicht möglich.

Tabelle 3.1: Bedeutung von Formatschlüsseln

Zeilentext

Abhängig vom Formatschlüssel wird der Inhalt im *Zeilentext* vom SAPscript-Formular interpretiert. Es gibt

- Kommandozeilen (Formatschlüssel / und /E),
- Kommentarzeilen (Formatschlüssel /*) oder
- Textzeilen (alle anderen Formatschlüssel).

Im Zeilentext können zusätzlich *Sonderzeichen* verwendet werden. Diese werden vom SAPscript als solche erkannt und nicht als Text ausgegeben, sondern zum Zeitpunkt der Ausgabe umgesetzt, beispielsweise der Fettdruck eines einzelnen Wortes.

In Tabelle 3.2 habe ich die möglichen Sonderzeichen, welche im Zeilentext verwendet werden können, für Sie aufgelistet.

Sonderzeichen	Bedeutung

<AA>...</>	Um einer Zeichenfolge im Zeilentext ein *Zeichenformat* zuzuweisen, wird diese von der entsprechenden Zeichenfolge eingeschlossen.
	Beispiel:
	`F    als Zeichenformat definiert: Fettdruck`
	`*    Die <F>Auftragsnummer</> finden Sie im Infoblock.`
	Die Zeichenfolge »Auftragsnummer« wird eingeleitet mit <F>, ab jetzt gilt also zusätzlich zur Absatzformatierung die Zeichenformatierung F (die als »fett auszugeben« definiert ist). Abgeschlossen wird die Zeichenformatierung immer mit </>, danach gilt wieder nur die zugewiesene Absatzformatierung. Ausgegeben wird folgender Text:
	Die **Auftragsnummer** finden Sie im Infoblock.

,,	Ein *Tabulator* wird im Zeileneditor mit zwei aufeinanderfolgenden Kommata dargestellt. Beispiel: `*    Datum,,01.01.2019` Ausgegeben wird der Text: Datum 01.01.2019 Es ist nicht möglich, die Tabulatortaste Ihrer Tastatur für diese Zuweisung zu verwenden. Die Tabulatorpositionen definieren Sie im verwendeten Absatzformat. Sollte dort nichts hinterlegt sein, werden die Tabulatoreinstellungen aus den Grundeinstellungen des SAPscript-Formulars übernommen.

<table>
<tr><th>Sonder-
zeichen</th><th>Bedeutung</th></tr>
<tr><td>&yxz&</td><td>Ein Symbol ist ein Platzhalter für eine Variable yxz, die erst bei der Erstellung des Ausgabeauftrags durch deren aktuellen Wert ersetzt wird. Ein Symbol wird immer in zwei &-Zeichen eingeschlossen und darf keine Leerzeichen enthalten.

Es gibt vier verschiedene Arten von Symbolen:

▶ Systemsymbole werden vom SAPscript zur Verfügung gestellt (zum Beispiel stehen sie für die aktuelle Seitenzahl oder das Tagesdatum).
▶ Programmsymbole sind alle global definierten Daten im Druckprogramm, die im SAPscript-Formular verwendet werden können.
▶ Standardsymbole kommen aus der Tabelle TTDTG, die sprachabhängige Texte enthält (zum Beispiel »Sehr geehrte Damen und Herren«).
▶ Textsymbole werden im Textelement mit dem Steuerkommando DEFINE angelegt. Danach kann auf diese wie auf jedes andere Symbol zugegriffen werden.

Beispiel:

<code>*   &SGDH& wir sehen uns am &TTXSY-DATE&.</code>

Hierbei ist &SGDH& ein Standardsymbol aus der Tabelle TTDTG und &TTXSY-DATE& ist ein Systemsymbol, welches das aktuelle Tagesdatum zum Druckzeitpunkt enthält. Ausgegeben wird der Text:

»Sehr geehrte Damen und Herren, wir sehen uns am 24.05.2019.«</td></tr>
</table>

Sonder-zeichen	Bedeutung
<(>...<)>	Es gibt immer wieder den Fall, dass Sie etwas ausgeben möchte, was SAPscript jedoch anders interpretiert. Zum Beispiel setzt SAPscript zwei Kommata automatisch als Tabulator um. Wenn Sie jedoch tatsächlich zwei Kommata hintereinander ausgeben möchten, dann verwenden Sie das *Rohzeichen*. Dieses Zeichenformat muss nicht definiert werden, es ist ein Standardzeichenformat. Beispiel: `*   Datum<(>,,<)>01.01.2019` Ausgegeben wird: Datum,,01.01.2019
'XY'	In Steuerkommandos werden *Festwerte* immer mit zwei einschießenden Hochkommata dargestellt. Beispiel: `/:   FROMCOUNTRY 'DE'` Der Parameter FROMCOUNTRY (Teil des Steuerkommandos ADDRESS) benötigt die Angabe eines Landes. Durch die Hochkommata ist für das System klar, dass es sich bei DE um einen Festwert und nicht um ein Steuerkommando handelt.

Tabelle 3.2: Sonderzeichen im Zeilentext

3.3.3 Paketzuordnung ändern

Sie haben Ihr SAPscript-Formular sowie das Druckprogramm temporär als lokale Objekte gespeichert. Somit können diese nicht transportiert werden.

Manchmal ist es notwendig, im Nachhinein die Zuordnung zu einem Paket zu ändern, weil das Objekt zum Beispiel doch transportiert werden soll oder es einfach beim Anlegen dem falschen Paket zugewiesen wurde.

Bei ABAP-Objekten ist die entsprechende Durchführung einfach. Im Object Navigator (Transaktion *SE80*) kann über das Kontextmenü Paketzuordnung ändern eines Programmes das Paket geändert werden, wie in Abbildung 3.37 zu sehen.

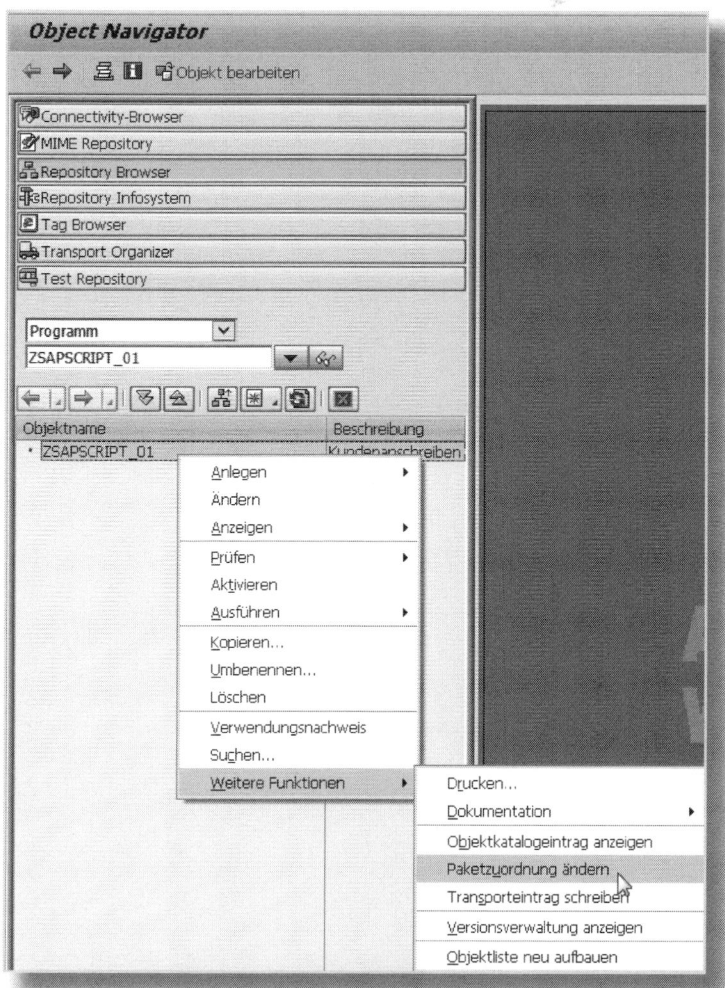

Abbildung 3.37: Paketzuordnung ändern

SAPscript-Formulare werden jedoch nicht im Object Navigator angezeigt, womit eine Änderung der Paketzuordnung auf diesem Weg ausscheidet. Die einzige Möglichkeit, bei einem SAPscript-Formular die Zuordnung des Pakets zu ändern, bieten die Transport Organizier-Tools (Transaktion *SE03*).

Dort wählen Sie den Menüpfad Transport Organizier Tools • Objektkatalog • Objektkatalogeintrag ändern. Es erscheint eine Selektionsbild, in dem Sie in der Übersicht eine leere Zeile markieren, in der zweiten Spalte »FORM« und in der dritten Spalte den Namen des SAPscript-Formulars, zum Beispiel *ZSAPSCRIPT_01*, eintragen. Bestätigen Sie die Eingabe mit [↵] und klicken Sie auf den Button Ausführen (siehe Abbildung 3.38).

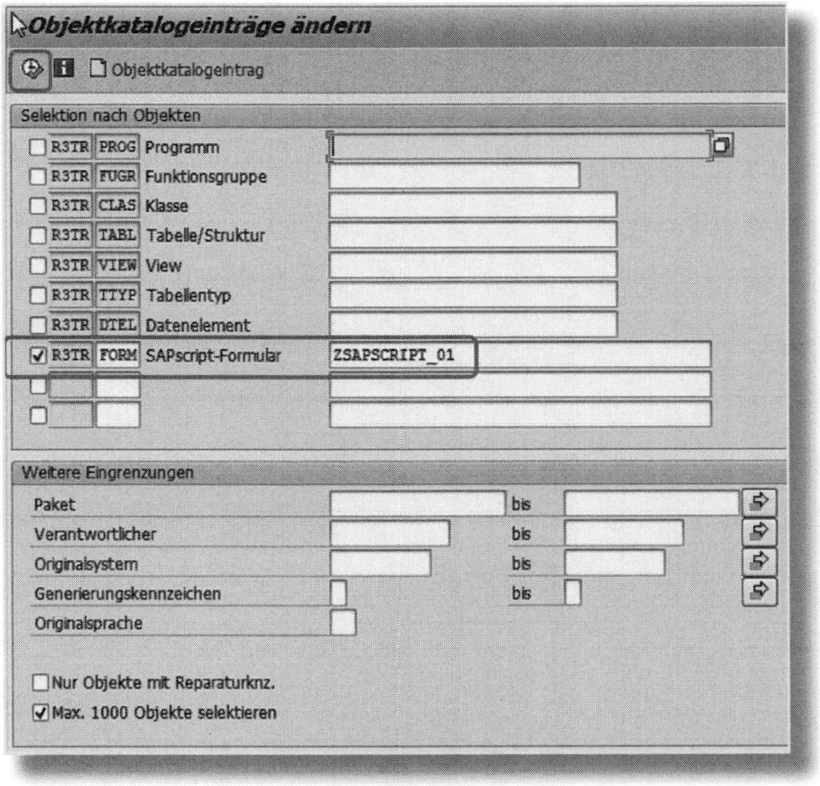

Abbildung 3.38: Selektionsbild »Objektkatalogeinträge ändern«

Ihnen wird eine Übersicht mit dem vorher eingetragenen SAPscript-Formular angezeigt. Mit einem Doppelklick auf die entsprechende Zeile öffnet sich ein Pop-up mit dem dazugehörigen Objektkatalogeintrag (siehe Abbildung 3.39).

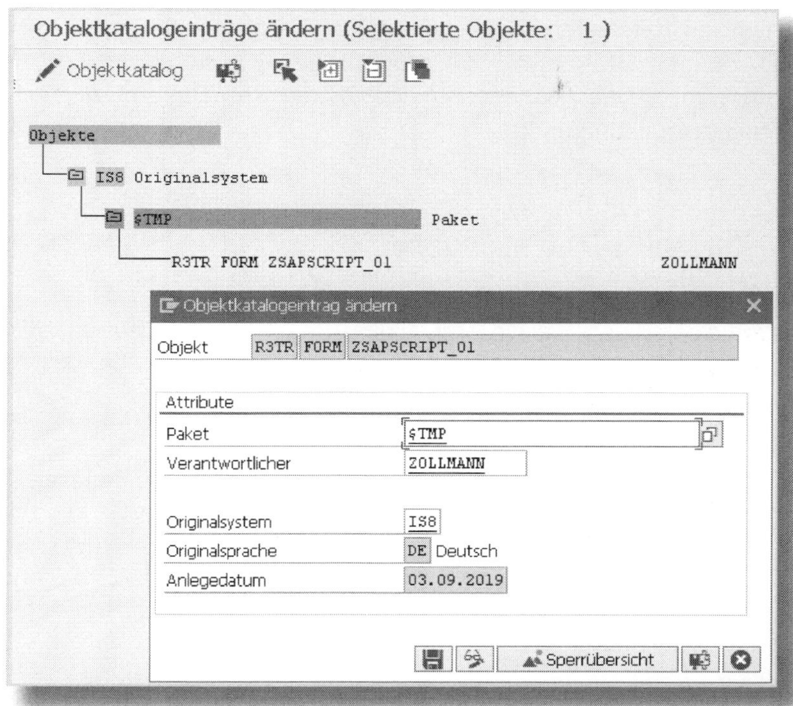

Abbildung 3.39: Objektkatalogeintrag ändern

Nunmehr können

- das Paket,
- der Name des Verantwortlichen sowie
- das Originalsystem

geändert werden.

Wurde ein transportierbares Paket ausgewählt, erfolgt beim Sichern die Abfrage nach einem Transportauftrag, und das entsprechende Objekt wird in den jeweiligen Auftrag aufgenommen.

Die Zuordnung zu einem Originalsystem zu ändern ist nur notwendig, wenn eine SAP-Systemkopie auf ein neues System vorgenommen wurde. Somit müssen alle Objekte auf die neue Systemnummer umgestellt werden. Das wird jedoch meist von der SAP-Basis direkt nach der Systemkopie umgesetzt.

3.4 Kurzquiz zur Lernkontrolle

1. Wofür benötigen Sie die Transaktion SCC1 bei der Formularentwicklung?
   a) zum Vergleichen von SAPscript-Formularen,
   b) zum Kopieren von SAPscript-Formularen oder
   c) zum Mandanten-Transport von SAPscript-Formularen mittels Transportauftrag.

2. Welchen Eintrag in der Formatspalte eines SAPscript-Textelements verwenden Sie, um ein Steuerkommando aufzurufen?
   a) /*
   b) /:
   c) =

3. Was müssen Sie mit einem SAPscript-Formular tun, damit es auch ausgegeben werden kann?
   a) aktivieren,
   b) testen oder
   c) freigeben.

4. Was bedeutet der Mandantendurchgriff bei SAPscript?
   a) den Transport von SAPscript-Formularen von einem Mandanten in den nächsten,
   b) ist ein Formular im aktuellen Mandanten nicht vorhanden, dann wird das Formular aus dem Mandanten 00 verwendet, oder
   c) das Kopieren von Mandaten mit SAPscript-Verknüpfung.

Antworten siehe Anhang: »Lösungen Kurzquiz«.

4 Massendruck und Adresse ausgeben

Nachfolgend soll eine erste Anpassung des eben entwickelten SAPscript-Formulars und des Druckprogramms vorgenommen werden.

Das Kundenanschreiben erfährt eine Personalisierung, indem die Kundenadresse auf dem Dokument mit ausgegeben wird. Im Druckprogramm sollen die entsprechenden Kundennummern abgefragt werden. Diese benötigen Sie zum Testen.

Massendruck

Wird ein und dasselbe SAPscript-Formular mehrfach hintereinander ausgegeben, wie in unserem Beispiel ein Infoschreiben pro Kunden oder zum Beispiel beim Rechnungssammeldruck am Monatsende, dann spricht man von *Massendruck*.

Massendruck und Adresse ausgeben

Die Anpassungen des SAPscript-Formulars können Sie sich auch in folgendem Video ansehen:

http://sapscript02.espresso-tutorials.com.

4.1 SAPscript-Formular personalisieren

Folgende Änderungen am SAPscript-Formular sind notwendig:

- Neues FENSTER »ADRESSE« für die Kundenanschrift anlegen
- SEITENFENSTER »ADRESSE« auf der SEITE »FIRST« anlegen
- Textelemente des Fensters »ADRESSE« pflegen

Zum Anlegen des neuen Fensters »ADRESSE« rufen Sie die SAPscript-Formularfenster auf:

1. Wechseln Sie zum Form Painter (Transaktion *SE71*).
2. Tragen Sie bei Formular den Namen *ZSAPSCRIPT_01* ein.
3. Markieren Sie das Teilobjekt »Fenster«.
4. Drücken Sie den Button Ändern (siehe Abbildung 4.1)

Das SAPscript-Formular wird im *Änderungsmodus* mit einer Übersicht der Fenster geöffnet.

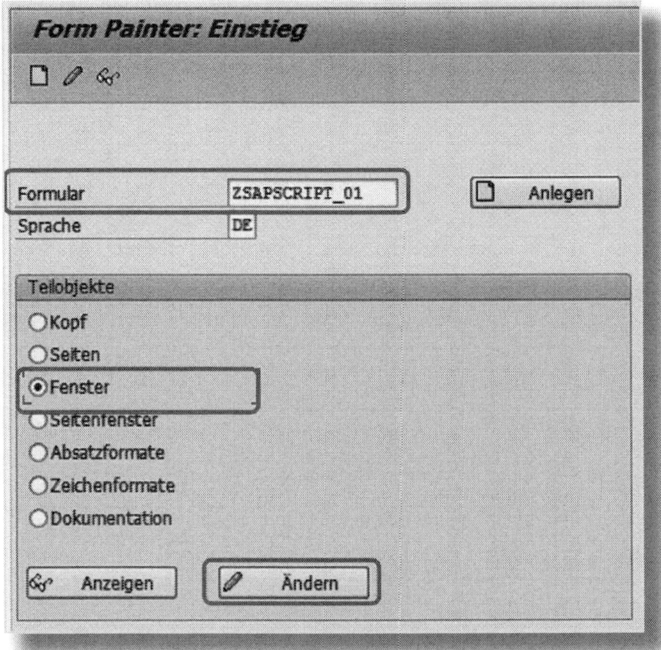

Abbildung 4.1: Form Painter, Einstieg Fenster

Wie bereits im ersten Beispiel können Sie das neue Fenster über den Menüpfad Bearbeiten • Anlegen Element... anlegen. Es gibt eine weitere Möglichkeit, ein solches zu erschaffen. Das aktuell ausgewählte

Fenster ist blau markiert, und die Standardattribute dazu werden angezeigt. Tippen Sie in das Feld Fenster den Namen des neuen Fensters über den derzeit noch angezeigten (siehe Abbildung 4.2) und bestätigen Sie die Eingabe mit [↵].

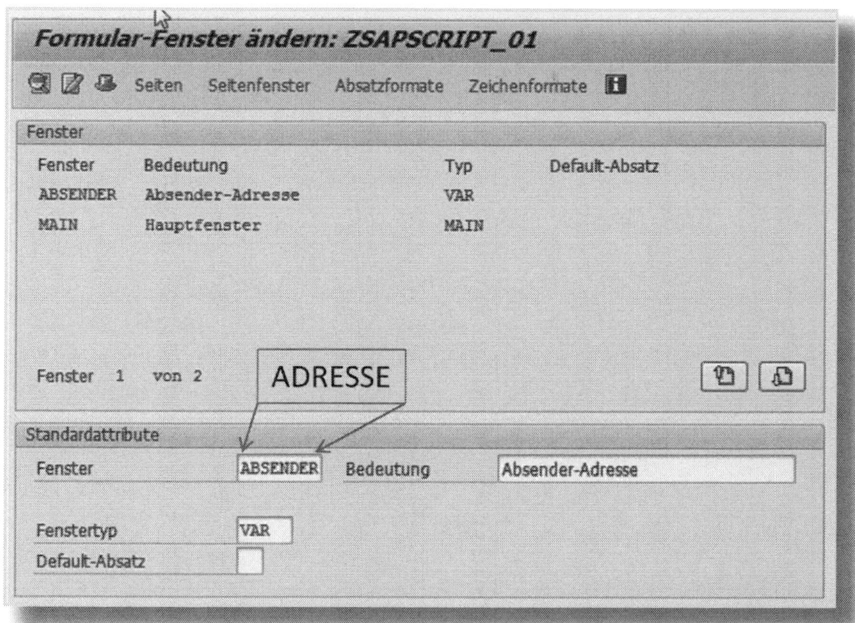

Abbildung 4.2: Neues Fenster anlegen

Sie überschreiben damit nicht das aktuelle Fenster »Absender«, sondern das System erkennt, dass Sie ein neues Fenster »Adresse« anlegen möchten. Es öffnet sich ein Pop-up, in dem Sie gefragt werden, ob das Fenster initial oder als Kopie mit Textelementen bzw. ohne angelegt werden soll.

Wählen Sie Fenster initial anlegen aus und bestätigen Sie die Eingabe mit [↵] (siehe Abbildung 4.3).

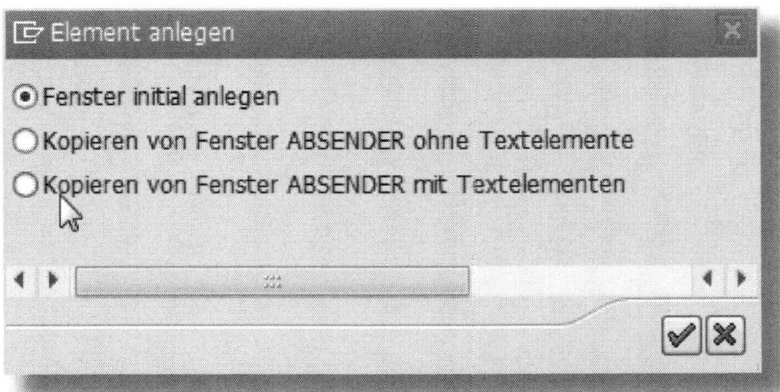

Abbildung 4.3: Fenster anlegen, Pop-up

Das neue Fenster wird mit dem FENSTERTYP »VAR« angelegt und Sie müssen noch die BEDEUTUNG »Kundenadresse« angeben. Wechseln Sie zur Ansicht der SEITENFENSTER und legen Sie auf der SEITE »FIRST« das neue FENSTER »ADRESSE« mit folgenden Attributen an (über den Menüpfad BEARBEITEN • ANLEGEN ELEMENT...):

- LINKER RAND 1,50 CM
- FENSTERBREITE 7,00 CM
- OBERER RAND 1,00 CM
- FENSTERHÖHE 2,50 CM

Rufen Sie nun die Textelemente zum FENSTER »ADRESSE« auf, entweder über

- das Menü BEARBEITEN • TEXTELEMENTE,
- den Button TEXTELEMENTE oder
- die Taste F9.

Im SAPscript können Adressen automatisiert ausgegeben werden, dazu gibt es das Steuerkommando *ADDRESS*. In diesem Beispiel werden lediglich die Adressnummer des Kunden und das Abgangsland angegeben. Der Rest wird vom System automatisch ausgefüllt. Füllen Sie den Texteditor, wie in Abbildung 4.4 dargestellt.

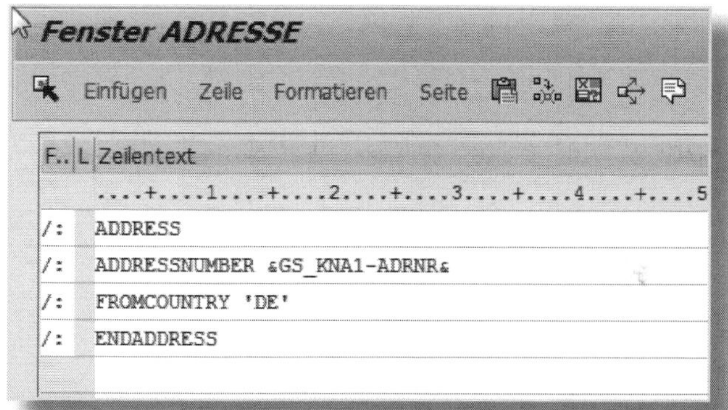
Fenster ADRESSE
Einfügen Zeile Formatieren Seite
F.. L Zeilentext
/: ADDRESS
/: ADDRESSNUMBER &GS_KNA1-ADRNR&
/: FROMCOUNTRY 'DE'
/: ENDADDRESS

Abbildung 4.4: Steuerkommando ADDRESS

In der Spalte Format wird jeweils */:* eingetragen – die Kennzeichnung für ein Steuerkommando. Die Spalte Zeilentext wird mit den Parametern gefüllt. ADDRESS und ENDADDRESS kennzeichnen die Begrenzung dieses Steuerkommandos. Dazwischen stehen die Parameter, die zur Umsetzung des Steuerkommandos benötigt werden, in diesem Beispiel ADDRESSNUMBER und FROMCOUNTRY.

Hinter ADDRESSNUMBER ist das Programmsymbol *&GS_KNA1-ADRNR&* angegeben, das zur Laufzeit bei der Ausgabe mit dem entsprechenden Inhalt aus dem Druckprogramm gefüllt wird.

Hinter FROMCOUNTRY ist der Festwert *'DE'* angegeben, dadurch wird die Adressaufbereitung entsprechend den Einstellungen im SAP-System für Deutschland durchgeführt.

Verlassen Sie den Texteditor und aktivieren Sie das SAPscript-Formular.

4.2 Druckprogramm für den Massendruck

Wechseln Sie in den ABAP-Editor (Transaktion *SE38*), rufen Sie Ihr Druckprogramm »ZSAPSCRIPT_01« auf und führen Sie es mittels

F8 aus. Es wird das gleiche Dokument wie aus dem ersten Beispiel (vgl. Kapitel 3) angezeigt.

Obwohl Sie Anpassungen am SAPscript-Formular vorgenommen haben, wird das neue Fenster »ADRESSE« nicht ausgegeben. Es enthält ein Default-Textelement, das keinen expliziten Aufruf durch das Druckprogramm benötigt; jedoch wird das Programmsymbol »&GS_KNA1-ADRNR&« zur Adressaufbereitung benötigt. Diese Variable ist im Druckprogramm bisher nicht vorhanden, somit kann das SAPscript-Formular die Adressaufbereitung nicht durchführen. Folgende Anpassungen müssen am Druckprogramm durchgeführt werden:

- Selektionsbild aufbauen: mit Abfrage der Kundennummer.
- Selektion der Tabelle »KNA1« (Kundenstamm) entsprechend der Eingabe im Selektionsbild.
- Pro Kunde soll das Dokument einmal ausgegeben, jedoch nur ein einziger Ausgabeauftrag angelegt werden.
- Die Struktur »GS_KNA1« muss angelegt und gefüllt werden.

Listing 4.1 zeigt die Codierung dazu: Die bisherigen Zeilen aus dem ersten Beispiel sind normal, die neuen Zeilen **fett** markiert:

```
REPORT zsapscript_01.

DATA: gt_kna1 TYPE TABLE OF kna1,
      gs_kna1 TYPE kna1.

* Selektionsbild
SELECT-OPTIONS: s_kunnr FOR gs_kna1-kunnr OBLIGATORY.

START-OF-SELECTION.
* Selektion der Kunden
  SELECT       * FROM  kna1
                 INTO TABLE gt_kna1
         WHERE  kunnr IN s_kunnr.

END-OF-SELECTION.
* Öffnen des Ausgabeauftrags, mit Übergabe des Formulars
```

```
  CALL FUNCTION 'OPEN_FORM'
    EXPORTING
      form = 'ZSAPSCRIPT_01'.

* Pro Kunde soll das Formular ausgegeben werden.
  LOOP AT gt_kna1 INTO gs_kna1.

*   Start eines Formulars
    CALL FUNCTION 'START_FORM'.
*   Aufrufen des Textelements
    CALL FUNCTION 'WRITE_FORM'
      EXPORTING
        element = 'TEXT'.
*   Ende eines Formulars
    CALL FUNCTION 'END_FORM'.
  ENDLOOP.

* Schließen des Ausgabeauftrags
  CALL FUNCTION 'CLOSE_FORM'.
```

Listing 4.1: Erweiterung des Druckprogramms für die Tabellenausgabe

Durch die Zeile `LOOP AT gt_kna1 INTO gs_kna1.` im Druckprogramm werden die Struktur `GS_KNA1` und somit auch die Variable `GS_KNA1-ADRNR`, die im SAPscript-Formular erforderlich ist, gefüllt. Entsprechend kann die Umsetzung des Steuerkommandos ADDRESS erfolgen und das Fenster wird ausgegeben.

Durch die Funktionsbausteine START_FORM und END_FORM wird für jeden selektierten Kunden das SAPscript-Formular aufgerufen und ausgegeben.

Passen Sie Ihr Druckprogramm entsprechend an, aktivieren und führen Sie es aus. Tragen Sie im Selektionsbild Ihre Test-Kundennummern ein und starten Sie das Programm. Es öffnet sich der SAP-Standarddruckdialog, in dem Sie das AUSGABEGERÄT eintragen und auf den Button [Druckansicht] klicken.

Die Druckansicht mit den entsprechenden Dokumenten wird angezeigt – pro Kunde eine Seite, jeweils mit Kundenanschrift (siehe Abbildung 4.5).

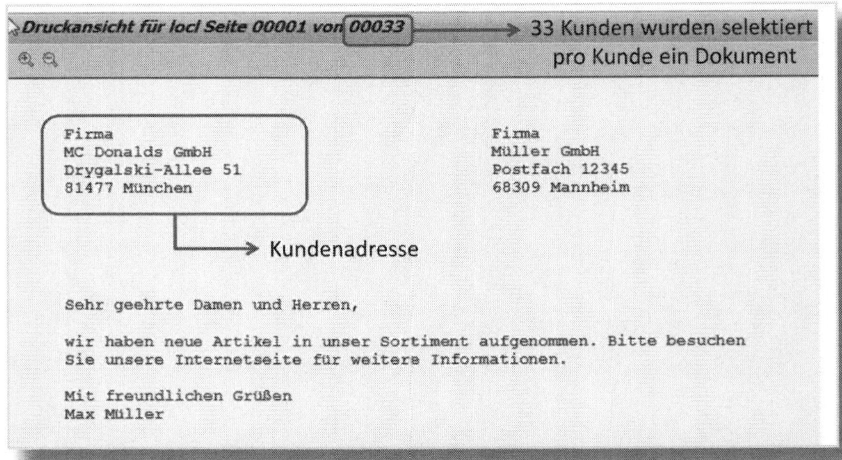

Abbildung 4.5: Kundenanschreiben mit Kundenadresse

Wenn Sie diese Dokumente nun drucken möchten, klicken Sie auf den entsprechenden Button. Der Ausgabeauftrag wird gemäß den Einstellungen im SAP-Standarddruckdialog an den Drucker gesendet und ausgegeben.

4.3 SAPscript im Detail

Sie haben nun erste Anpassungen am SAPscript-Formular und am Druckprogramm durchgeführt. In den folgenden Abschnitten erläutere ich im Detail:

- das Steuerkommando »ADDRESS«,
- Einstellungen in den eigenen benutzerabhängigen Daten sowie
- Anpassungsmöglichkeiten der Default-Einstellungen im SAPscript.

4.3.1 Steuerkommando ADDRESS

Bei den letzten Änderungen ging es unter anderem um die Ausgabe einer Adresse. Dazu haben Sie das Steuerkommando »ADDRESS« verwendet, welches eine Adresse für die postalische Versendung aufbereitet. Diese Aufbereitung richtet sich nach nationalen und internationalen Richtlinien und Normen (zum Beispiel ISO 11180).

SAP-Hinweis

Sollte es bei der Ausgabe der Adresse zu Problemen kommen, dann kann Ihnen der SAP-Hinweis 35931 »Sammelhinweis: Aufbereitung/Drucken von Adressen« weiterhelfen.

Das Steuerkommando beginnt immer mit »ADDRESS« und schließt mit »ENDADDRESS« ab. Dazwischen sind verschiedene Parameter möglich, die

- Adressdaten übergeben oder
- zur Adressaufbereitung verwendet werden.

Das Steuerkommando aus unserem Beispiel lautet:

```
/:          ADDRESS
/:          ADDRESSNUMBER &GS_KNA1-ADRNR&
/:          FROMCOUNTRY 'DE'
/:          ENDADDRESS
```

Wie hier zu sehen ist, muss auch in einer Zeile mit Parameterangaben ein */:* in der Formatspalte eingetragen sein.

Zu den Parametern werden meist weitere Werte benötigt, die als Direktwerte oder als Symbole angegeben werden können. Im Beispiel haben wir das Symbol »&GS_KNA1-ADRNR&« sowie den Direktwert »'DE'« übergeben. Die Symbole werden zur Laufzeit durch den entsprechenden Wert ersetzt.

ADDRESS_INTO_PRINTFORM

Das Steuerkommando ruft intern den Funktionsbaustein »ADDRESS_INTO_PRINTFORM« und übergibt die entsprechenden Parameter. Sollten Sie weitere detailliertere Informationen dazu benötigen, können Sie diese auch in der Dokumentation des Funktionsbausteins nachlesen.

Syntax-Struktur

Im Folgenden wird die gesamte Syntax-Struktur des ADDRESS-Steuerkommandos abgebildet. Hierbei ist zu beachten:

- Steuerkommandos werden in Großbuchstaben dargestellt.
- Direktwerte bzw. Symbole werden in Kleinbuchstaben abgebildet.
- Optionale Steuerkommandos werden mit eckigen Klammern eingerahmt.

```
/: ADDRESS [DELIVERY] [TYPE t] [PARAGRAPH a] [PRIORITY p]
[LINES l]
/: TITLE anrede
/: NAME name1[,name2[,name3[,name4]]]
/: PERSON name einer natürlichen person [TITLE anrede]
/: PERSONNUMBER personennummer
/: DEPARTMENT abteilung
/: STREET straße HOUSE hausnummer
/: LOCATION zusätzliche_angaben
/: POBOX postfach [CODE pfach-plz] [CITY pfach-stadt]
/: POSTCODE plz
/: CITY stadt[,ortsteil]
/: NO_UPPERCASE_FOR_CITY
/: REGION bundesland
/: COUNTRY empfangsland [LANGUAGE sprachenschlüssel]
/: COUNTRY_IN_REC_LANG
/: LANG_FOR_COUNTRY sprachenschlüssel
```

```
/: FROMCOUNTRY absenderland
/: ADDRESSNUMBER adressnummer
/: ENDADDRESS
```

Vollständig sichtbare Zeichen

Falls Sie dieses Buch als E-Book lesen, kann es sein, dass eine längere Zeile – je nach der von Ihnen gewählten Auflösung bzw. Schriftgröße – umbrochen wird. Bei der Eingabe ist zu beachten, dass Steuerkommandos komplett in eine Zeile geschrieben werden müssen!

Der herkömmliche Zeileneditor zeigt Ihnen 72 Zeichen an. Er bietet Ihnen aber die Möglichzeit, 132 Zeichen pro Zeile zu erfassen. Die »verborgenen« 60 Zeichen können Sie sehen, indem Sie

- im Menü den Eintrag Bearbeiten • Seite links/rechts wählen,
- im Zeileneditor auf die rechte Maustaste drücken und den Eintrag Seite links/rechts wählen oder
- die Tastenkombination [⇧] + [F8] nutzen.

Adressarten

SAPscript bietet drei Adressarten zur Ausgabe an:

- die reguläre Adresse (`Type 1`),
- die Privatadresse (`Type 2`) sowie
- Dienstadressen (`Type 3`).

Mit dem Parameter *TYPE* ist es möglich, eine dieser Adressarten vorzugeben und somit die Aufbereitung zu beeinflussen.

```
/: ADDRESS [TYPE t]
```

Die reguläre Form ist eine Firmenadresse. Diese Adressart ist die im gesamten SAP-System am häufigsten genutzte und folglich voreingestellt – ein explizierter Aufruf des Parameters TYPE ist in diesem Fall nicht notwendig.

Rufen Sie zum Beispiel die allgemeinen Daten im Kundenstamm eines Kunden auf, wird dessen Firmenadresse angezeigt (siehe Abbildung 4.6).

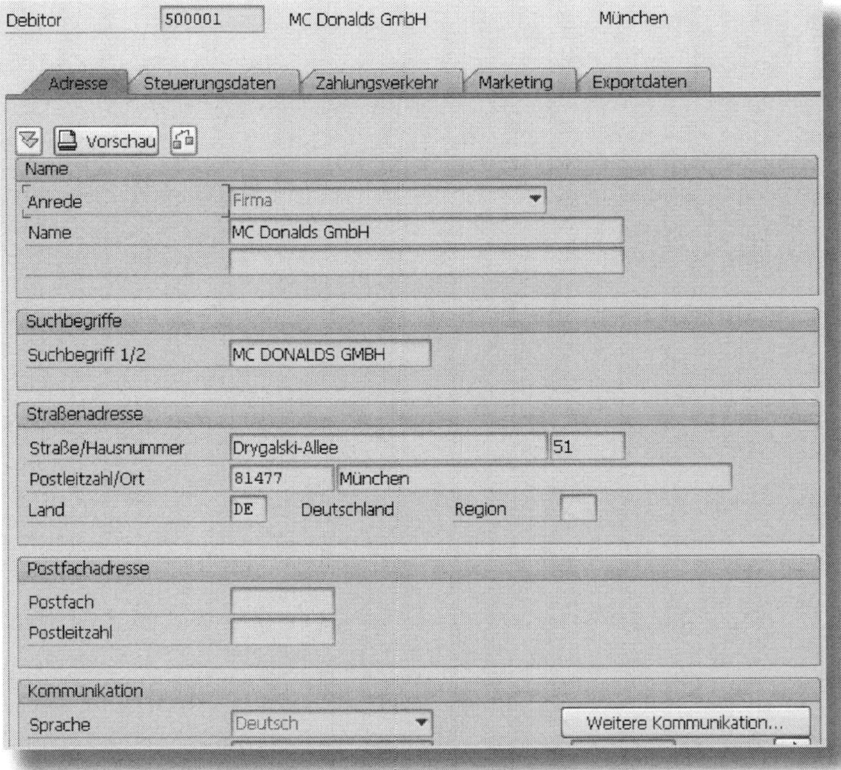

Abbildung 4.6: Firmenadresse eines Kunden

Soll in der Adresse auch ein Ansprechpartner (zum Beispiel Frau Christa Meier) ausgegeben werden, handelt es sich um eine *Dienstadresse.*

Eine *Privatadresse* bezeichnet die Anschrift einer Privatperson. Diese Art von Adressen wird hauptsächlich im HR, beispielsweise für Gehaltsabrechnungen, verwendet.

Adressdaten

Die Adressdaten zu Kunden oder Lieferanten sind SAP-intern über *Adressnummern* gespeichert. Wenn eine solche verwendet werden soll, ist deren Angabe für SAPscript ausreichend, um sie im System nachzulesen und aufzubereiten.

In den meisten Tabellen sind diese Nummern direkt hinterlegt, zum Beispiel als KNA1-ADRNR, VBPA-ADRNR, LFA1-ADRNR. Die Übergabe von Adressdaten an das Steuerkommando über den Parameter »ADDRESSNUMBER« ist somit der einfachste Weg.

```
/: ADDRESSNUMBER adressnummer
```

Ist die Adressnummer nicht bekannt, können die Daten auch über die Adressparameter übergeben werden:

```
/: TITLE anrede
/: NAME name1[,name2[,name3[,name4]]]
/: STREET straße HOUSE hausnummer
/: LOCATION zusätzliche_angaben
/: POBOX postfach[CODE pfach-plz] [CITY pfach-stadt]
/: POSTCODE plz
/: CITY stadt[,ortsteil]
/: REGION bundesland
/: COUNTRY empfangsland
```

Möchten Sie eine Dienstadresse ausgeben, dann muss entweder der Parameter PERSONNUMBER oder der Name des Ansprechpartners im Parameter PERSON sowie die Anrede im TITEL angegeben werden. Zusätzlich kann die Abteilung im Parameter DEPARTMENT hinterlegt werden. In Abhängigkeit vom Platz im Ausgabefenster werden diese Angaben in der Adresse mit ausgegeben.

```
/: PERSONNUMBER personennummer
/: PERSON name [TITLE anrede]
/: DEPARTMENT abteilung
```

Entsprechendes gilt für die Privatanschrift. Zur Aufbereitung ist eine Personennummer notwendig, oder Name und Anrede werden mit den entsprechenden Parametern übergeben.

```
/: PERSONNUMBER personennummer
/: PERSON name [TITLE anrede]
```

Adressnummern und -angaben

Wenn Sie eine Adress- bzw. Personennummer übergeben und zusätzlich auch Parameter mit Adressdaten anführen, werden diese ignoriert.

Aufbereitung

Die Adresse wird immer nach den Normen und Richtlinien des Empfangslandes aufbereitet. Entsprechend wird aus den vorhandenen Daten die Adresse generiert, zum Beispiel wie folgt:

```
Firma
Müller GmbH
Unternehmensberatung
In der Musterallee 17

Hausreihe 7 a hinten
68499 MANNHEIM
```

Für dieses Beispiel werden sieben Zeilen zur Ausgabe benötigt. Zum Teil steht dieser Platz in einem Dokument jedoch nicht zur Verfügung.

In einem Fenster vom Typ »VAR/CONST« wird die Ausgabe automatisch auf die Anzahl der Zeilen des Fensters beschränkt, die noch vorhanden sind. Sind zum Beispiel noch drei Zeilen zur Ausgabe verfügbar, wird die Adresse entsprechend anders aufbereitet:

```
Müller GmbH
In der Musterallee 17
68499 Mannheim
```

Im Fenster vom Typ »MAIN« erfolgt diese Steuerung anders. Nach drei Zeilen würde ein *automatischer Seitenumbruch* eingefügt und die restlichen Zeilen der Adresse kämen auf die Folgeseite. Deshalb ist es manchmal erforderlich, die Anzahl der Zeilen für die Anschrift vorzugeben. Dazu wird der Parameter »LINES« verwendet.

Welche Felder bei Platzmangel entfallen, ist vom System zum Großteil vorgesehen. Sie können jedoch über den Parameter »PRIORITY« angeben, welche Adresszeilen wegfallen dürfen. Sie geben eine Kombination aus folgenden Werten vor:

- A – Anrede
- P – Pflichtleerzeile
- 4 – Name4
- 3 – Name3
- R – Region
- T – Ortsteil
- D – Abteilung
- L – Landesbezeichnung
- C – Postleitzahl
- 2 – Name2
- S – Straße und Hausnr. oder Postfach
- N – Name und Adresse der Person (PERSON und TITLE),
- I – Ortsangabe(n) in LOCATION

```
/: ADDRESS [PRIORITY p] [LINES l]
```

Liefer-/Postadresse

Viele Firmen haben eine Postfachadresse, an die jeglicher Schriftverkehr geschickt werden soll. Entsprechend gilt folgende automatische Steuerungsregel: Ist eine solche Anschrift (Postfach, PLZ, Ort) angegeben, wird diese zur Adressaufbereitung verwendet, auch wenn zusätzlich zur Postfachadresse eine Straße angegeben ist.

Das Wort »Postfach« wird immer in der Sprache des Empfangslandes ausgegeben. Das kann mit dem Parameter »LANGUAGE« hinter »COUNTRY« gesteuert werden. Hiermit wird die Sprache des Empfangslandes für die Aufbereitung neu gesetzt.

```
/: COUNTRY empfangsland [LANGUAGE sprachenschlüssel]
```

Geht es jedoch um eine Warenlieferung, muss eine Straße angegeben werden, in welche die Lieferung erfolgen soll. Grundsätzlich können Sie dies steuern, indem Sie kein Postfach, sondern nur einen Straßennamen angeben. Wird jedoch eine Adressnummer verwendet, ist vor der Druckausgabe nicht ersichtlich, welche Daten dahinter tatsächlich gepflegt sind.

Mit dem Parameter »DELIVERY« kann die Postfachsteuerung überschrieben werden, und es wird immer die Straße mit entsprechender Postleitzahl zur Aufbereitung verwendet.

```
/: ADDRESS [DELIVERY]
```

Paragraph

Die Adresse wird stets im Standardabsatzformat des SAPscript-Formulars ausgegeben. Wenn ein anderes Absatzformat a verwendet werden soll, so kann dieses mit dem Parameter »PARAGRAPH« übergeben werden.

```
/: ADDRESS [PARAGRAPH a]
```

Soll zum Beispiel eine Adresse im Fettdruck und Schriftgröße 14 ausgegeben werden, legt man ein Absatzformat F1 mit diesen Formatvorgaben an und ruft dann das ADDRESS-Steuerkommando wie folgt auf:

```
/:          ADDRESS PARAGRAPH 'F1'
/:          ADDRESSNUMBER &GS_KNA1-ADRNR&
/:          FROMCOUNTRY 'DE'
/:          ENDADDRESS
```

Empfangsland

Das Empfangsland wird bei einer Adresse ausgegeben, wenn dieses vom Absenderland abweicht. Wie diese Aufbereitung genau aussieht, ist abhängig von den Normen und Richtlinien des Empfangslandes. So wird beispielsweise in den meisten europäischen Ländern lediglich der internationale Kfz-Länderschlüssel anstelle des ausgeschriebenen Ländernamens verwendet.

Standardmäßig wird die Ausgabe in der Sprache des Absenderlandes aufbereitet, welches im Parameter »FROMCOUNTRY« hinterlegt wurde.

```
/: FROMCOUNTRY absenderland
```

Mit dem Parameter »COUNTRY_IN_REC_LANG« können Sie diese Einstellung übersteuern, sodass die Sprache des Empfangslandes verwendet wird:

```
/: COUNTRY_IN_REC_LANG
```

Soll eine ganz bestimmte Sprache genutzt werden, kann diese mit dem Parameter »LANG_FOR_COUNTRY« übergeben werden. Sie überlagert die beiden vorher genannten Parameter:

```
/: LANG_FOR_COUNTRY sprachenschlüssel
```

Das Empfangsland wird immer in Großbuchstaben ausgegeben. Dies kann mit dem Parameter »NO_UPPERCASE_FOR_CITY« unterdrückt werden. Zusätzlich gilt diese Eingabe dann auch für den Ort in der hinterlegten Adresse:

```
/: NO_UPPERCASE_FOR_CITY
```

4.3.2 Benutzerabhängige Einstellungen

Es gibt einige Vorgaben, die von benutzerspezifischen Einstellungen im SAP-System abhängen. So können Ausdrucke von Herrn Müller evtl. anders aussehen als von Frau Fischer.

Diese Einstellungen sind unter Eigene Daten zu jedem SAP-User hinterlegt. Sie gelangen zu Ihren eigenen Benutzervorgaben über den Menüpfad System • Benutzervorgaben • Eigene Daten.

Adressdaten

Auf dem ersten Reiter wird Ihnen, wie in Abbildung 4.7, die Adresse zu Ihrem SAP-User angezeigt.

Hinter diesen Adressdaten ist eine Personennummer hinterlegt, die zur Aufbereitung einer Privatadresse verwendet werden kann.

Sollten auf einem Dokument Daten aus Ihrem Benutzerstamm ausgegeben werden und diese nicht stimmen, dann überprüfen Sie hier zuerst Ihre eigenen Daten und korrigieren sie entsprechend. Möglicherweise sind bereits bei der Anlage Ihres Benutzerstamms Fehler unterlaufen, die verbessert werden müssen. Zum Teil werden die Daten nicht komplett angegeben und lassen sich hier erfassen und verändern.

Darstellungsarten

Auf dem nächsten Reiter Festwerte sehen Sie weitere personenbezogenen Einstellungen. Im oberen Bereich, siehe dazu Abbildung 4.8, werden verschiedenen *Darstellungsarten* festgelegt:

- Dezimaldarstellung (Tausenderpunkt, Dezimalstellentrennung)
- Datumsformat (Monat, Tag, Jahr)
- Zeitformat (12-/24-Stunden-Format)

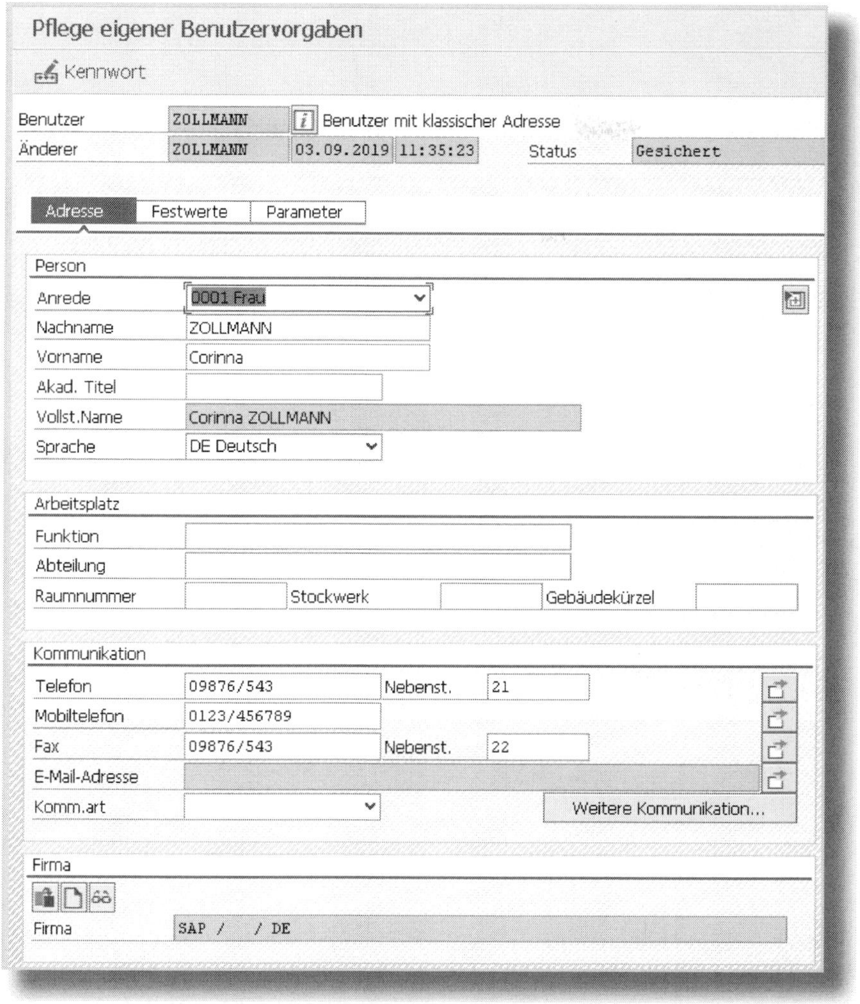

Pflege eigener Benutzervorgaben

Kennwort

Benutzer ZOLLMANN Benutzer mit klassischer Adresse

Änderer ZOLLMANN 03.09.2019 11:35:23 Status Gesichert

Adresse Festwerte Parameter

Person

Anrede 0001 Frau

Nachname ZOLLMANN

Vorname Corinna

Akad. Titel

Vollst.Name Corinna ZOLLMANN

Sprache DE Deutsch

Arbeitsplatz

Funktion

Abteilung

Raumnummer Stockwerk Gebäudekürzel

Kommunikation

Telefon 09876/543 Nebenst. 21

Mobiltelefon 0123/456789

Fax 09876/543 Nebenst. 22

E-Mail-Adresse

Komm.art Weitere Kommunikation...

Firma

Firma SAP / / DE

Abbildung 4.7: Eigene Adresse

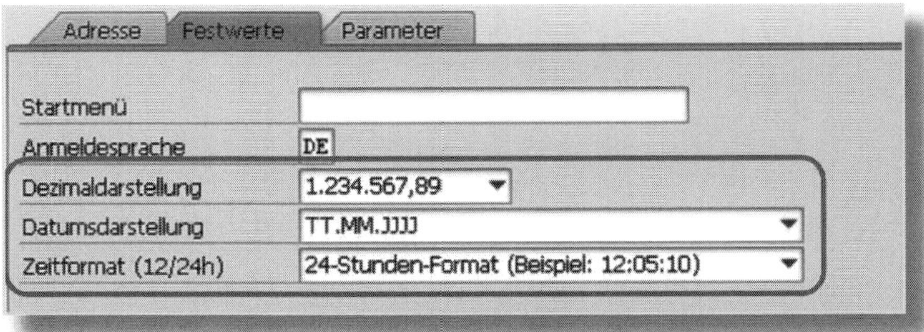

Abbildung 4.8: Darstellungsarten

Diese Darstellungsarten werden verwendet, wenn entsprechende Daten im SAP-System angezeigt bzw. aufbereitet werden.

Benutzereigene Daten

Die in den Festwerten der eigenen Benutzerdaten gemachten Einstellungen sind für diesen Benutzer für das gesamte SAP-System gültig, nicht nur für die Ausgabe von SAPscript-Formularen. Meist sind sie bereits bei der Anlage des Benutzerstammes entsprechend den Firmenvorgaben eingestellt worden. Ändern Sie hier Einstellungen nur, wenn Sie sicher sind, dass diese dann richtig sind!

SET COUNTRY

Bei der Ausgabe eines SAPscript-Formulars werden die im Benutzer hinterlegten Darstellungsarten verwendet. Soll eine andere Aufbereitung notwendig sein, können Sie diese mit dem Steuerkommando »SET COUNTRY« übersteuern.

```
/: SET COUNTRY Länderschlüssel
```

Sie übergeben das Land, mit dessen Darstellungsarten die Aufbereitung des Dokuments vorgenommen werden soll. Alle folgenden

Dezimal-, Datums- und Zeitdarstellungen werden nach den neuen Vorgaben aufbereitet. Die Darstellungsarten sind länderabhängig im Customizing hinterlegt.

Um wieder auf die Benutzereinstellung zurückzustellen, rufen Sie das Steuerkommando »SET COUNTRY« erneut auf und übergeben einen leeren Länderschlüssel (d. h. ein Leerzeichen in zwei Hochkommata eingeschlossen): »' '«.

SET DATE MASK

Möchten Sie das Datumsformat für ein SAPscript-Formular nach kundeneigenen Vorgaben ausgeben, so ist es möglich, mit dem Steuerkommando »SET DATE MASK« eine entsprechende Aufbereitung vorzunehmen:

```
/: SET DATE MASK = 'Datumsmaske'
```

In Tabelle 4.1 sehen Sie, welche Schablonen Sie zur Aufbereitung eines Datums verwenden können.

Schablone	Beschreibung	Beispiel
DD	Tag (zweistellig)	04
DDD	Tagesname, abgekürzt	Die
DDDD	Tagesname, ausgeschrieben	Dienstag
MM	Monat (zweistellig)	02
MMM	Monatsname, abgekürzt	Feb
MMMM	Monatsname, ausgeschrieben	Februar
YY	Jahr (zweistellig)	19
YYYY	Jahr (vierstellig)	2019

Tabelle 4.1: Datumsmaske

Alle weiteren Zeichen, die Sie in der Datumsmaske verwenden, werden als Text übernommen. Im Folgenden liste ich einige Beispiele für die Ausgabe des Datums »04.02.2019« auf:

'DD. MMMM YYYY'	04. Februar 2019
'DDDD, den DD. MMM YY'	Dienstag, den 04. Feb 19
'München, im MMMM'	München, im Februar
'MM/DD/YY'	02/04/19

Wenn Sie eine leere Datumsmaske mittels »' '« übergeben, wird die vorherige Einstellung zur Datumsaufbereitung verwendet.

SET TIME MASK

Mit dem Steuerkommando »SET TIME MASK« können Sie die Uhrzeit abweichend zur Standardausgabe aufbereiten.

```
/: SET TIME MASK = 'Zeitmaske'
```

In der Zeitmaske verwenden Sie die Schablonen aus Tabelle 4.2.

Schablone	Beschreibung	Beispiel
HH	Stunden (zweistellig)	05
MM	Minuten (zweistellig)	17
SS	Sekunden (zweistellig)	08

Tabelle 4.2: Zeitmaske

Sollten Sie weitere Zeichen zu den Schablonen verwenden, werden diese als Text ausgegeben. Hier ein paar Beispiele für die Uhrzeit »05:17:08«:

'HH Uhr, MM Minuten'	⇨	05 Uhr, 17 Minuten
'um HH:MM Uhr'	⇨	um 05:17 Uhr
'MM nach HH Uhr'	⇨	17 nach 05 Uhr

Um zur vorherigen Einstellung der Zeitaufbereitung zu gelangen, übergeben Sie nun eine leere Zeitmaske.

SET SIGN

Im SAPscript wird ein Vorzeichen standardmäßig rechts vom Zahlenwert ausgegeben. Mit dem Steuerkommando »SET SIGN« und der entsprechenden Angabe können Sie dieses steuern:

```
/: SET SIGN LEFT
/: SET SIGN RIGHT
```

Abhängig davon, welchen der Befehle Sie verwenden, wird das Vorzeichen links oder rechts vor der Zahl ausgegeben.

Dezimaldarstellung

Es gibt kein SAPscript-Steuerkommando, um den Tausenderpunkt bzw. die Dezimalpunktdarstellung zu beeinflussen. Es wird immer die Einstellung aus dem Benutzerstamm verwendet. Einzig das Kommando »SET COUNTRY« kann diese Aufbereitung beeinflussen, dabei werden jedoch auch Datums- und Uhrzeitaufbereitung aus den Ländereinstellungen übernommen.

SAP-Standarddruckdialog

Im mittleren Bereich der Festwerte werden Vorgaben für die *Spool-Steuerung* gemacht. Wie aus Abbildung 4.9 hervorgeht, werden

- das Ausgabegerät vorbelegt,
- das Kennzeichen für eine sofortige Ausgabe und
- das Löschen des Spool-Auftrags nach Ausgabe gesetzt.

Spool-Steuerung
Ausgabegerät locl
☑ Sofort ausgeben
☑ Löschen nach Ausgabe

Abbildung 4.9: Spool-Steuerung

Die Angaben in den eigenen Benutzerdaten werden automatisch in den SAP-Standarddruckdialog übernommen (siehe Abbildung 4.10):

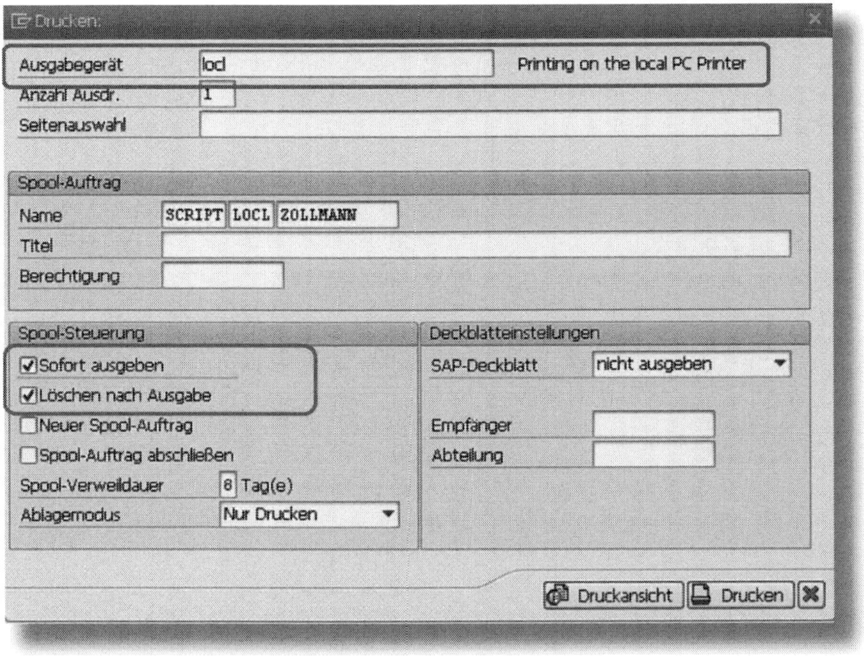

Abbildung 4.10: SAP-Standarddruckdialog

OPEN_FORM – Druckoptionen

Die einzige Möglichkeit zur Beeinflussung der Druckerparameter bietet der Aufruf des Funktionsbausteins »OPEN_FORM« im Druckprogramm.

Bisher haben Sie nur den SAPscript-Formularnamen an den Baustein übergeben; alle weiteren Parameter werden somit durch Default-Werte gefüllt, unter anderem aus den benutzerabhängigen Einstellungen.

```
CALL FUNCTION 'OPEN_FORM'
  EXPORTING
    form    = 'ZSAPSCRIPT_01'
```

```
dialog  = 'X'
options = ls_itcpo.
```

Mit den beiden *Exportparametern* »DIALOG« und »OPTIONS« haben Sie die Möglichkeit, Einfluss auf die Drucksteuerung zu nehmen:

- **DIALOG**: besagt, dass der SAP-Standarddruckdialog erscheinen soll. Wird der Druckdialog nicht benötigt, wenn zum Beispiel alle notwendigen Einstellungen vom Druckprogramm gefüllt werden, übergeben Sie hier ein leeres Feld; somit wird der Druckdialog unterdrückt (Default-Wert = X).
- **OPTIONS:** entspricht dem Aufbau der Struktur *ITCPO*. Hier können Sie verschiedene Druckeinstellungen beeinflussen. Alle Felder aus dem SAP-Standard-Druckdialog können vorbelegt werden. Eine detaillierte Beschreibung der druckrelevanten Felder finden Sie in Tabelle 4.3:

Feldname	Beschreibung
TDDEST	Ausgabegerät
TDCOPIES	Anzahl Ausdrucke
TDPAGESLCT	Seitenauswahl
TDDATASET	Spool-Auftrag: Name
TDSUFFIX1	Spool-Auftrag: Suffix 1
TDSUFFIX2	Spool-Auftrag: Suffix 2
TDTITLE	Titel
TDAUTORITY	Berechtigung
TDIMMED	Sofortdruck Ist dieses Kennzeichen nicht gesetzt, wird der Spool-Auftrag nur in die Spool-Verwaltung gestellt und kann von dort aus weiterbearbeitet werden.
TDDELETE	Spool-Auftrag wird direkt nach der Ausgabe automatisch gelöscht
TDNEWID	neuer Spool-Auftrag
TDFINAL	Spool-Auftrag abgeschlossen.

Feldname	Beschreibung
TDLIFETIME	Verweildauer, bis der Spool-Auftrag aus der Spool-Verwaltung gelöscht wird
TDARMOD	Ablagemodus
TDCOVER	SAP-Deckblatt drucken
TDRECEIVER	Spool-Empfänger
TDDIVISION	Abteilungsname des Empfängers
TDPREVIEW	Druckansicht
TDNOPREV	keine Druckansicht im SAP-Standarddruckdialog zulassen
TDNOPRINT	keine Druckausgabe aus Druckansicht zulassen

Tabelle 4.3: OPEN_FORM OPTIONS – Druckoptionen

4.4 Kurzquiz zur Lernkontrolle

1. Anhand welcher Vorgaben wird eine Adresse mit dem Steuerkommando ADDRESS ausgegeben? Anhand
   a) der benutzerspezifischen Einstellungen,
   b) der durch die Parameter übergebenen Vorgaben im Steuerkommando oder
   c) der DIN 5008 – Schreib- und Gestaltungsregeln für die Textverarbeitung.

2. In einem Textelement muss ein Steuerkommando immer komplett in eine Zeile geschrieben werden. Der Zeileneditor hat jedoch nur 72 Zeichen, wie können Sie die »ausgeblendeten« Zeichen rechts sehen?
   a) mit der Tastenkombination Strg + F7,
   b) indem man mit dem Cursor über das 72ste Zeichen hinausläuft oder
   c) im Menü den Eintrag Bearbeiten • Seite links/rechts wählt.

3. Das Steuerkommando SET COUNTRY nutzen Sie für:
   a) die Einstellung des Landes des Dokumentenempfängers,
   b) die Vorgabe des landesspezifischen Layouts der Ausgabe Dezimal-, Datum- und Zeitdarstellungen im SAPscript-Formular,
   c) die Aufbereitung der Adresse des Steuerkommandos ADDRESS.

Antworten siehe Anhang: »Lösungen Kurzquiz«.

5 Materialien als Tabelle ausgeben

Das Kundenanschreiben soll nun kundenfreundlicher gestaltet werden. Bisher wird der Kunde im Infoschreiben darauf hingewiesen, dass es neue Artikel im Sortiment gibt. Für weitere Informationen muss er beispielsweise im Internet nachsehen.

Alle neuen Artikel sollen nun mit Materialnummer und -kurztext einzeln aufgelistet werden. Die entsprechenden Materialien sollen bereits im Druckprogramm abgefragt werden. Sie benötigen zum Testen

- Kundennummern und
- Materialnummern.

Materialien ausgeben

Die notwendigen Anpassungen des SAPscript-Formulars und des Druckprogramms können Sie sich in folgendem Video ansehen:

http://sapscript03.espresso-tutorials.com.

5.1 Das kundenfreundliche SAPscript-Formular

Rufen Sie den Form Painter (Transaktion *SE71*) mit dem SAPscript-Formular »ZSAPSCRIPT_01« im Änderungsmodus auf.

Folgende Anpassungen am SAPscript-Formular sind notwendig:

- Anlegen eines neuen Absatzformats für die Überschrift.
- Anlegen eines neuen Absatzformats für die Positionszeilen.
- Im FENSTER »MAIN« ein neues Textelement »ITEM_HEADER« für die Überschrift anlegen und mit Inhalt füllen.

- Im FENSTER »MAIN« ein neues Textelement »ITEM_LINE« für die Materialien anlegen und mit Inhalt füllen.
- Anpassen des Textes bzgl. der Auflistung der Artikel.

Wechseln Sie in die Ansicht der ABSATZFORMATE und legen Sie ein neues ABSATZFORMAT »I1« für die *Überschriftenzeile* an (Menü BEARBEITEN • ANLEGEN ELEMENT...). Wechseln Sie über ATTRIBUTE • FONT oder den Button [Font] zu den Fontattributen des Absatzformats und wählen Sie das Attribut FETT (siehe Abbildung 5.1).

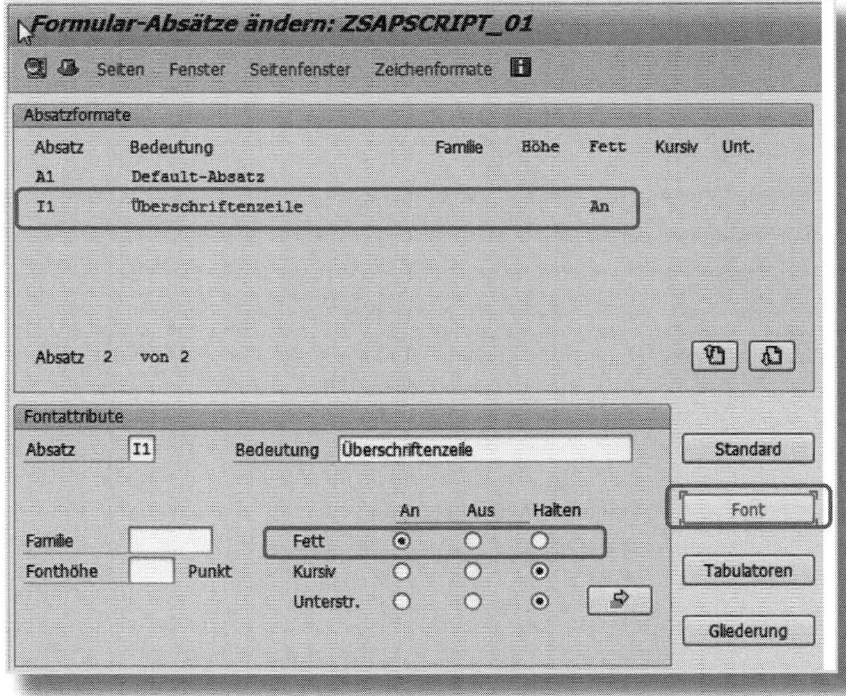

Abbildung 5.1: Fontattribute eines Absatzformats

Klicken Sie auf den Button [Tabulatoren] (Menü ATTRIBUTE • TABULATOREN) und nehmen Sie die Einträge entsprechend Abbildung 5.2 vor:

Abbildung 5.2: Tabulatoren eines Absatzformats

- TABULATORPOSITION *12,00 CH*
- AUSRICHTUNG *LEFT*.

Einheiten

In diesem Beispiel habe ich »CH« (Zeichen) als Einheit für die Tabulatorposition gewählt. Bei der Positionierung der Fenster auf einer Seite habe ich »CM« (Zentimeter) verwendet.

Manchmal ist es einfacher, etwas mit einem Lineal auszumessen und dann in Zentimeter anzugeben – oder Sie wissen, ein bestimmtes Feld hat beispielsweise zwanzig Zeichen und danach soll ein Tabulator gesetzt werden.

Hier sind Sie frei in der Entscheidung, welche Einheiten Sie wo verwenden möchten. Über die F4-Wertehilfe können Sie sich die zur Verfügung stehenden Einheiten anzeigen lassen.

Da das Absatzformat für die Positionszeilen ähnlich aufgebaut sein soll, kopieren Sie das Absatzformat »I1« in das Absatzformat »I2«. Gehen Sie über den Menüpfad BEARBEITEN • KOPIEREN ELEMENT... – und ein Pop-up wird geöffnet. Tragen Sie *I1* und *I2* entsprechend Abbildung 5.3 ein und bestätigen Sie die Eingabe mit [↵].

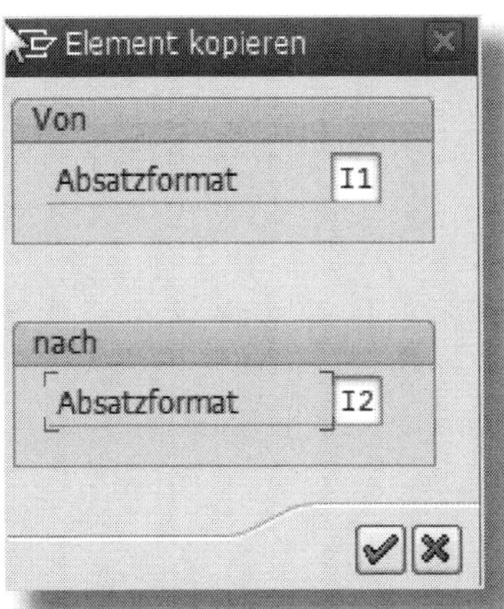

Abbildung 5.3: Kopieren eines Absatzformats

Das neue Absatzformat I2 ist angelegt. Ändern Sie noch die Bedeutung auf *Positionszeile* und wählen Sie den Fettdruck wieder ab (siehe Abbildung 5.4). Den Tabulator lassen wir unverändert.

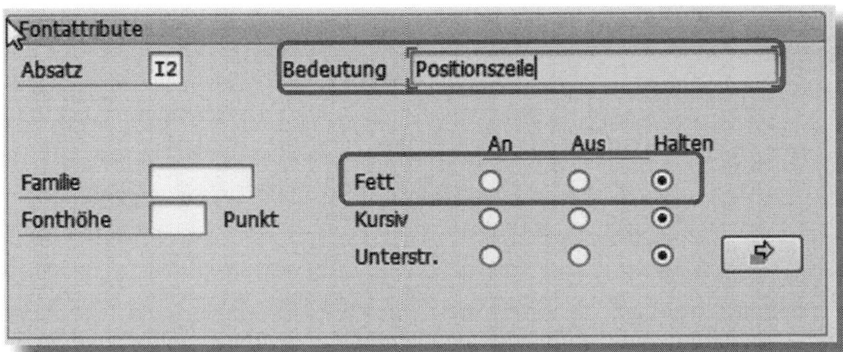

Abbildung 5.4: Fontattribute anpassen

Zum Anlegen der neuen Textelemente wechseln Sie zu den FENSTERN des SAPscript-Formulars und dann in die TEXTELEMENTE des FENSTERS »MAIN«. Fügen Sie die folgenden Zeilen im Texteditor an die bestehenden Zeilen an:

```
/E              ITEM_HEADER
*
*               Materialnummer,,Materialkurztext
*
/E              ITEM_LINE
*               &GS_MAKT-MATNR&,,&GS_MAKT-MAKTX&
```

Noch einmal zur Erinnerung:

/E	⇨	Beginn eines Textelements
*	⇨	Default-Absatzformat
,,	⇨	Tabulator
&...&	⇨	Symbole

Nun müssen die neu definierten Absatzformate I1 und I2 den entsprechenden Zeilen zugewiesen werden. Dazu gibt es drei Möglichkeiten:

- Absatzformat in der Formatspalte manuell eintippen,
- Absatzformat in der Formatspalte über F4-Wertehilfe auswählen,
- Cursor in die entsprechende Zeile stellen und über das Menü Format • Absatz und das entsprechende Format auswählen.

Das Textelement TEXT müssen Sie jetzt noch anpassen. Setzen Sie den Cursor genau hinter den Punkt nach dem Wort »aufgenommen« und klicken den Button Einfügen. Der Editor splittet an der Stelle des gesetzten Cursors die Eintragungen. Fügen Sie folgenden Satz, wie in Abbildung 5.5 dargestellt, ein: »Im Folgenden finden Sie dazu eine Auswahl unserer Produkte.«

Mit dem Klicken auf den Button Einfügen beenden werden die Zeilen wieder zu einem Fließtext zusammengezogen. Verlassen Sie die Textelemente und aktivieren Sie das SAPscript-Formular (Menü Formular • Aktivieren).

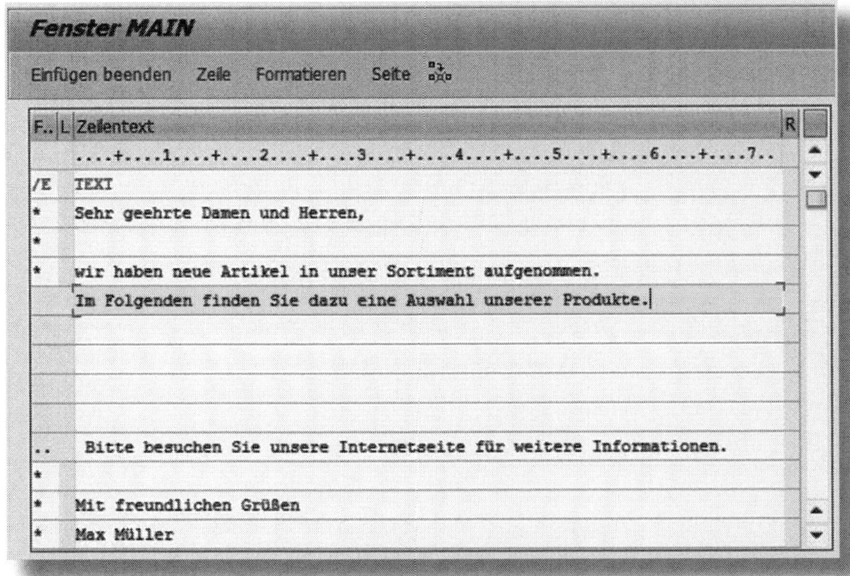

Abbildung 5.5: Einfügen in ein Textelement

5.2 Druckprogramm mit Tabellenausgabe

Nun sind Anpassungen im Druckprogramm notwendig. Rufen Sie dazu den ABAP-Editor (Transaktion *SE38*) mit dem Druckprogramm »ZSAPSCRIPT_01« im Änderungsmodus auf. Folgende Anpassungen müssen Sie am Druckprogramm durchführen:

- Selektionsbild erweitern – mit Abfrage der Materialnummer,
- Selektion der Tabelle »MAKT« (Materialkurztext) entsprechend der Eingabe im Selektionsbild,
- Ausgabe einer Überschriftenzeile über den Materialien,
- pro Material Ausgabe einer Zeile (Struktur »GS_MAKT« muss mit den entsprechenden Werten gefüllt werden).

In Listing 5.1 sehen Sie die Codierung dazu – die bisherigen Zeilen aus unseren vorherigen Beispielen sind normal, die neuen Zeilen **fett** markiert:

```
...
DATA: gt_kna1 TYPE TABLE OF kna1,
      gs_kna1 TYPE kna1,
      gt_makt TYPE TABLE OF ent1027,
      gs_makt TYPE ent1027.

* Selektionsbild
SELECT-OPTIONS: s_kunnr FOR gs_kna1-kunnr OBLIGATORY,
                s_matnr FOR gs_makt-matnr OBLIGATORY.

START-OF-SELECTION.
* Selektion der Kunden
  SELECT        * FROM  kna1
                  INTO TABLE gt_kna1
         WHERE  kunnr IN s_kunnr.
* Selektion der Materialien
  SELECT        * FROM  makt
                  INTO TABLE gt_makt
         WHERE  matnr IN s_matnr
         AND    spras = sy-langu.

END-OF-SELECTION.
...
*   Aufrufen des Textelements
    CALL FUNCTION 'WRITE_FORM'
      EXPORTING
        element = 'TEXT'.
*   Positionsüberschrift ausgeben
    CALL FUNCTION 'WRITE_FORM'
      EXPORTING
        element  = 'ITEM_HEADER'.
*   Positionsüberschrift setzen für Folgeseiten
    CALL FUNCTION 'WRITE_FORM'
      EXPORTING
        element  = 'ITEM_HEADER'
        function = 'SET'
```

```
        type     = 'TOP'.
*     Pro Material soll eine Zeile ausgegeben werden.
      LOOP AT gt_makt INTO gs_makt.
        CALL FUNCTION 'WRITE_FORM'
          EXPORTING
            element = 'ITEM_LINE'.
      ENDLOOP.
*     Ende eines Formulars
      CALL FUNCTION 'END_FORM'.
...
```

Listing 5.1: Erweiterung des Druckprogramms für die Tabellenausgabe

Die Positionsüberschrift wird zweimal mit dem Funktionsbaustein WRITE_FORM aufgerufen:

1. zur Ausgabe der Überschrift nach dem einleitenden Text und
2. mit den Parametern FUNCTION = SET und TYP = TOP. Dadurch wird dem SAPscript-Formular mitgeteilt, dass das Textelement ITEM_HEADER ab jetzt für alle Folgeseiten immer am Anfang des MAIN-Fensters ausgegeben werden soll.

Das Element ITEM_LINE wird durch den *Loop* über die Materialien mehrfach aufgerufen – hier können Sie dann die Daten aus der Struktur GS_MAKT zur Ausgabe verwenden.

Aktivieren Sie das Druckprogramm und führen Sie es aus. Im Selektionsbild tragen Sie Ihre Testkunden- sowie Testmaterialnummern ein und starten das Programm. Füllen Sie den SAP-Standarddruckdialog entsprechend und lassen Sie sich die Dokumente anzeigen oder ausdrucken.

Es wird pro Kunde ein eigenes Dokument ausgegeben. Pro Material wird eine Zeile gedruckt. Abhängig davon, wie viele Materialien Sie ausgewählt haben, werden evtl. mehrere Seiten pro Kunde gedruckt. Die Ausdrucke sollten entsprechend Abbildung 5.6 aussehen:

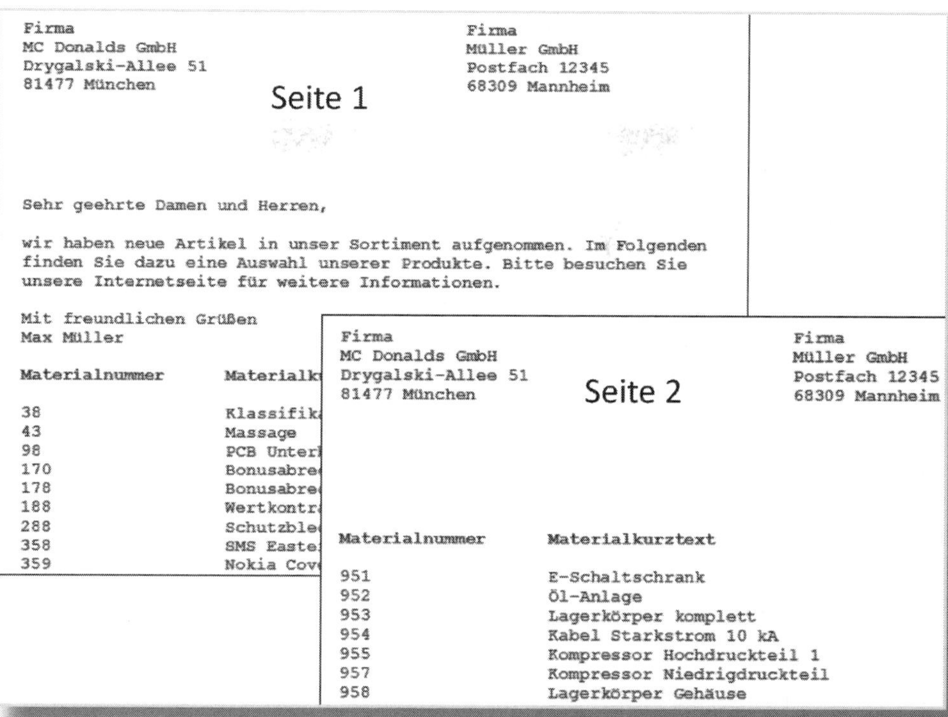
Firma
MC Donalds GmbH
Drygalski-Allee 51
81477 München

Seite 1

Firma
Müller GmbH
Postfach 12345
68309 Mannheim

Sehr geehrte Damen und Herren,

wir haben neue Artikel in unser Sortiment aufgenommen. Im Folgenden finden Sie dazu eine Auswahl unserer Produkte. Bitte besuchen Sie unsere Internetseite für weitere Informationen.

Mit freundlichen Grüßen
Max Müller

Materialnummer	Materialk
38	Klassifik
43	Massage
98	PCB Unter
170	Bonusabre
178	Bonusabre
188	Wertkontr
288	Schutzble
358	SMS Easte
359	Nokia Cov

Firma
MC Donalds GmbH
Drygalski-Allee 51
81477 München

Seite 2

Firma
Müller GmbH
Postfach 12345
68309 Mannheim

Materialnummer	Materialkurztext
951	E-Schaltschrank
952	Öl-Anlage
953	Lagerkörper komplett
954	Kabel Starkstrom 10 kA
955	Kompressor Hochdruckteil 1
957	Kompressor Niedrigdruckteil
958	Lagerkörper Gehäuse

Abbildung 5.6: Kundenanschreiben mit Materialien

Auf der ersten Seite befindet sich das Fenster »MAIN« mit dem Anschreiben an den Kunden. Erst danach beginnt die Tabelle mit den Materialien. Auf den Folgeseiten wird der Text nicht noch einmal wiederholt, sondern die Tabelle mit den Materialien sitzt gleich am Anfang des MAIN-Fensters.

5.3 SAPscript im Detail

Im letzten Beispiel wurden neue Textelemente und Absatzformate hinzugefügt, Texte angepasst und mit Symbolen gearbeitet. Diese Punkte gehören zu den am häufigsten geforderten Anpassungen, wenn es um SAPscript-Anpassungen geht. In den folgenden Abschnitten erläutere ich Ihnen noch einmal im Detail,

- welche Arten von Symbolen es gibt,
- wie und wann Symbole gefüllt werden,
- Einstellungsmöglichkeiten in Absatzformaten,
- wie Schriften und Barcodes eingestellt werden sowie
- die Steuerkommandos *TOP* und *BOTTOM*.

5.3.1 Symbole

Rufen wir uns das Erlernte kurz ins Gedächtnis:

- In den Textelementen werden Symbole als Platzhalter für Variable verwendet.
- Symbole werden zum Zeitpunkt des Erzeugens des Ausgabeauftrages mit den tatsächlichen Werten gefüllt.
- Dargestellt werden Symbole im Texteditor immer durch einschließende &-Zeichen, zum Beispiel in der Form: »&GS_KNA1-NAME1&«.

Groß- und Kleinschreibung

Bei Symbolen müssen Sie nicht auf Groß- oder Kleinschreibung achten. Für SAPscript sind die Symbol-Verschlüsselungen &GS_KNA1-NAME1&, &Gs_Kna1-Name1& und &gs_kna1-name1& identisch.

Es gibt vier unterschiedliche Arten von Symbolen, die Sie bereits in Abschnitt 3.3.2 kennengelernt haben:

- Systemsymbole
- Programmsymbole
- Standardsymbole
- Textsymbole

Systemsymbole

Systemsymbole sind in allen SAPscript-Formularen vorhanden und müssen nicht explizit definiert werden. Dazu gehören alle Felder der Strukturen:

- SYST = ABAP-Systemfelder
- SAPSCRIPT = SAPscript-Systemfelder
- TTXSY = SAPscript-Systemsymbole

Bei den SAPscript-Systemsymbolen der Struktur »TTXSY« ist es nicht notwendig, diese Strukturbezeichnung im Symbol mit anzugeben – der Feldname reicht aus, zum Beispiel: »&DATE& entspricht &TTXSY-DATE&«. In der folgenden Tabelle 5.1 erläutere ich Ihnen im Detail die SAPscript-Systemsymbole zur Struktur »TTXSY«:

Symbol	Beschreibung
&DATE&	aktuelles Tagesdatum Das Feld wird zum Zeitpunkt des Aufrufs OPEN_FORM aus dem Feld SY-DATUM gefüllt.
&DAY&	Tageszahl des aktuellen Tagesdatums
&MONTH&	Monatszahl des aktuellen Tagesdatums
&YEAR&	Jahreszahl des aktuellen Tagesdatums
&NAME_OF_DAY&	ausgeschriebener Tagesname des aktuellen Tagesdatums, zum Beispiel Montag Der Wert ist sprachabhängig in der Tabelle TTDTG hinterlegt.
&NAME_OF_MONTH&	ausgeschriebener Monatsname des aktuellen Tagesdatums, zum Beispiel Januar Der Wert ist sprachabhängig in der Tabelle TTDTG hinterlegt.
&TIME&	aktuelle Uhrzeit Das Feld wird zum Zeitpunkt OPEN_FORM aus dem Feld SY-UZEIT übernommen.
&HOURS&	Stundenwert der aktuellen Uhrzeit

Symbol	Beschreibung
&MINUTES&	Minutenwert der aktuellen Uhrzeit
&SECONDS&	Sekundenwert der aktuellen Uhrzeit
&PAGE&	aktuelle Seitennummer, wird automatisch hochgezählt
&NEXTPAGE&	Seitennummer der Folgeseite
&DEVICE&	Gerätetyp
&SPACE&	Leerzeichen Soll eine bestimmte Anzahl von Leerzeichen ausgegeben werden, dann wird diese Anzahl mit angegeben: **&SPACE(10)&** Somit werden zehn Leerzeichen ausgegeben, bevor weitere Ausgaben erfolgen. Wird kein Wert mitgegeben, dann erfolgt KEINE Ausgabe eines Leerzeichens.
&ULINE&	Unterstrich Wenn Sie die Anzahl der Unterstriche mit angeben, dann können Sie somit beispielsweise eine lange Linie erzeugen: **&ULINE(32)&** Im Beispiel werden 32 Unterstriche ausgegeben. Wird kein Wert mit angegeben, dann wird lediglich ein Unterstrich ausgegeben.
&VLINE&	vertikaler Strich Durch Angabe einer Anzahl werden mehrere vertikale Striche nacheinander ausgegeben: **&VLINE(3)&** Es werden drei vertikale Striche ausgegeben. Ohne eine Wertübergabe wird ein vertikaler Strich ausgegeben.

Tabelle 5.1: TTXSY-Systemsymbole

Programmsymbole

Alle im Druckprogramm global definierten Tabellen, Variablen und Konstanten können in ein SAPscript-Formular als sogenannte *Programmsymbole* eingebunden werden. In unserem Beispiel haben Sie zwei Tabellen und zwei Strukturen definiert, wie in Listing 5.2 dargestellt:

```
DATA: gt_kna1 TYPE TABLE OF kna1,
      gs_kna1 TYPE kna1,
      gt_makt TYPE TABLE OF ent1027,
      gs_makt TYPE ent1027.
```

Listing 5.2: Datendeklaration im Druckprogramm

Es werden immer die Werte an die Ausgabe weitergegeben, die zum Zeitpunkt des Aufrufs des Textelements mit »WRITE_FORM« in den Variablen enthalten sind. So entsteht mit dem Loop-Befehl aus Listing 5.3 die Liste der Materialien:

```
*   Pro Material soll eine Zeile ausgegeben werden.
    LOOP AT gt_makt INTO gs_makt.
      CALL FUNCTION 'WRITE_FORM'
        EXPORTING
          element = 'ITEM_LINE'.
    ENDLOOP.
```

Listing 5.3: Ausgabe einer Tabelle mittels Loop und WRITE_FORM

Lokale Variablen

Lokal definierte Tabellen, Variablen und Konstanten, zum Beispiel innerhalb einer Perform-Routine, sind keine Programmsymbole und können somit auch nicht in einem SAPscript-Programm aufgerufen werden.

Standardsymbole

In der Tabelle »TTDTG« hat SAP sprachabhängige Texte hinterlegt, die in SAPscript-Formularen verwendet werden können. Diese Texte werden *Standardsymbole* genannt.

Verwendet wird die Tabelle für kurze Texte (max. 60 Zeichen), die häufig in der Ausgabe benötigt werden, wie zum Beispiel alle Tages- und Monatsnamen, die für die Systemsymbole »&NAME_OF_DAY&« und «&NAME_OF_MONTH&« eingesetzt werden.

Die Tabelle ist eine SAP-Tabelle mit ausgelieferten Standardeinträgen. SAP bietet jedoch die Möglichkeit, eigene kundenspezifische Texte in der Tabelle zu hinterlegen. Sie erreichen die Pflegeeinstellungen der Tabelle über den SAP-Menüpfad Werkzeuge • Formulardruck • Administration • Einstellungen oder über die Transaktion *SE75*. Im Einstiegsbild markieren Sie Standardsymbole und klicken auf Ändern. Es werden Ihnen alle Einträge aus der Tabelle »TTDTG« angezeigt.

Mandantenunabhängigkeit

Die Tabelle »TTDTG« ist mandantenunabhängig und an das Transportwesen angeschlossen. Alle Anpassungen wirken sich direkt auf alle Mandanten in diesem System aus.

Bitte nehmen Sie hier **keine** Anpassungen an den bestehenden SAP-Einträgen vor, sondern erweitern Sie nur eigene Standardsymbole. Achten Sie dabei immer darauf, dass Sie sich im *Kundennamensraum* »Z*« befinden.

Über diese *Pflegetransaktion* ist keine Einschränkung der Tabelle möglich, deshalb empfehle ich die Pflege über die SAP-Standardtabellen-Pflegetransaktion *SM30*.

Rufen Sie dazu die Transaktion *SM30* auf. Im Einstiegsbild tragen Sie die Tabelle *TTDTG* ein, markieren Bedingungen eingeben und klicken auf den Button [Pflegen] (siehe Abbildung 5.7).

Sie erhalten eine Infomeldung, dass die Tabelle mandantenunabhängig ist, und es öffnet sich ein Pop-up zur Feldauswahl (siehe Abbildung 5.8).

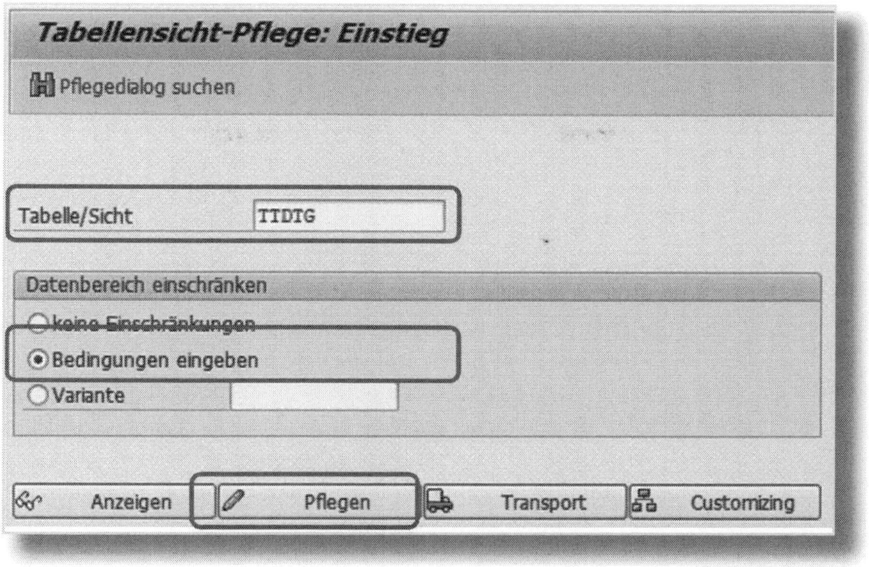

Abbildung 5.7: Transaktion SM30 – Pflege der Tabelle TTDTG

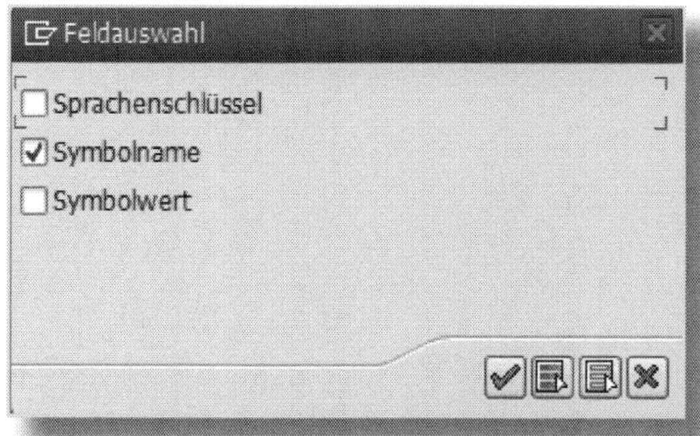

Abbildung 5.8: Feldauswahl der Tabelle TTDTG

Schränken Sie die Pflege immer ein, soweit es geht, damit Sie keine ungewollten Änderungen vornehmen. Wählen Sie zum Beispiel den SYMBOLNAMEN. Im nächsten Pop-up können Sie den ARBEITSBEREICH einschränken (siehe Abbildung 5.9).

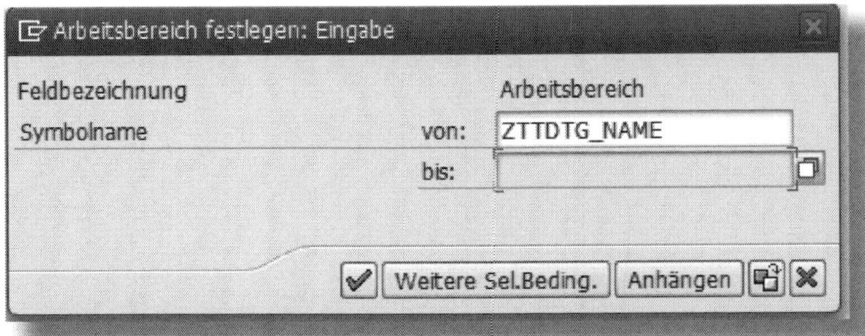

Abbildung 5.9: Arbeitsbereich der Tabelle TTDTG

Wie in Abbildung 5.10 zu sehen, werden entsprechend der Auswahl des Arbeitsbereiches die Symbole mit ihren Werten angezeigt. Hier können Sie nun die Werte nach Bedarf anpassen.

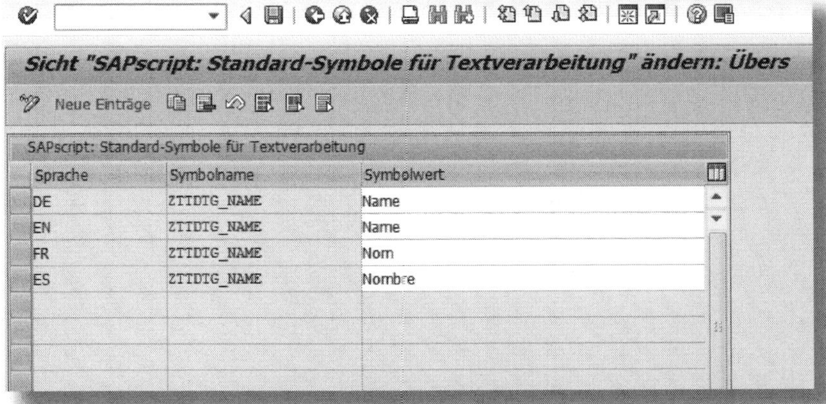

Abbildung 5.10: Pflege der Tabelle TTDTG

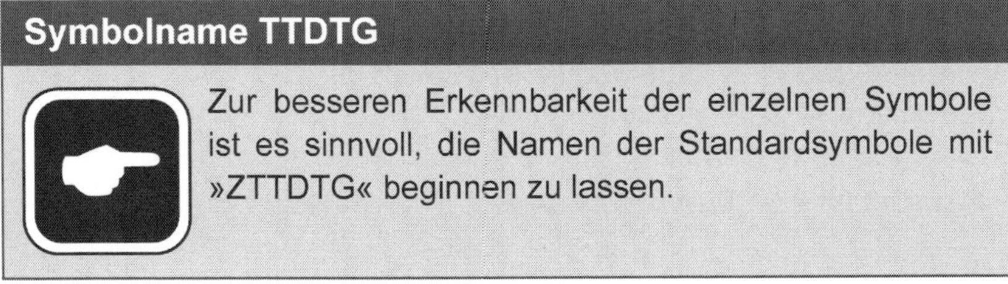

Symbolname TTDTG

Zur besseren Erkennbarkeit der einzelnen Symbole ist es sinnvoll, die Namen der Standardsymbole mit »ZTTDTG« beginnen zu lassen.

Textsymbole – DEFINE

Textsymbole werden direkt im SAPscript-Formular mit dem Steuerkommando »DEFINE« definiert und es wird ein Wert zugewiesen:

```
/: DEFINE &ZNAME& = 'Müller'
*  &ZNAME&
```

⇨ Ausgabe: Müller

Wird ein Textsymbol mehrfach definiert, so wird immer der Symbolwert ausgegeben, der zum Zeitpunkt der Ausgabe dem Textsymbol zuletzt zugewiesen wurde:

```
/: DEFINE &ZNAME& = 'Müller'
/: DEFINE &ZNAME& = 'Fischer'
*  &ZNAME&
```

⇨ Ausgabe: Fischer

Innerhalb des Symbolwertes können Sie auch mit anderen Symbolen arbeiten, zum Beispiel mit vorab definierten Textsymbolen. Hierbei ist darauf zu achten, dass der gesamte Symbolwert in Hochkommata inkl. des eingebetteten Standardsymbols eingeschlossen ist:

```
/: DEFINE &ZVORNAME&  = 'Klaus'
/: DEFINE &ZNAME&     = '&ZVORNAME&: Müller'
*  &ZNAME&
```

⇨ Ausgabe: Klaus Müller

Auch bei solchen verschachtelten Symbolen wird immer der Wert ausgegeben, der zuletzt den entsprechenden Symbolen zugewiesen war, im folgenden Fall wechselt der Vorname, der Nachname bleibt gleich:

```
/: DEFINE &ZVORNAME&  = 'Klaus'
/: DEFINE &ZNAME&     = '&ZVORNAME&: Müller'
*  &ZNAME&
/: DEFINE &ZVORNAME&  = 'Peter'
*  &ZNAME&
```

⇨ Ausgabe: Klaus Müller
Peter Müller

Eine weitere Variante ist die sofortige Zuweisung von Symbolen innerhalb eines Textsymboles mit der Zeichenfolge »:=« (anstelle des einfachen Gleichheitszeichens):

```
/: DEFINE &ZVORNAME&  = 'Klaus'
/: DEFINE &ZNAME&     := '&ZVORNAME&: Müller'
*  &ZNAME&
/: DEFINE &ZVORNAME&  = 'Peter'
*  &ZNAME&
```

⇨ Ausgabe: Klaus Müller
Klaus Müller

Hier ist zu sehen, dass das Symbol &ZNAME& bei der Definition mit »:=« direkt zugewiesen wurde und den Wert »Klaus Müller« erhalten hat. Auch ein späteres erneutes Definieren des Symbols &ZVORNAME& verändert das vorher definierte Symbol &ZNAME& nicht – es bleibt bei »Klaus Müller«.

Reihenfolge

Sie könnten theoretisch einem Programm-, einem Standard- und einem Textsymbol jeweils den gleichen Namen geben. Zum Beispiel könnte das Symbol &ZNAME& wie folgt programmiert sein – testen Sie sich selbst:

Im Druckprogramm gibt es eine globale Variable:

```
Data: zname(30) value 'Friedrich'.
```

In der Tabelle »TTDTG« ist ein Wert hinterlegt:

```
ZNAME      Name
```

Im SAPscript-Formular wird definiert:

```
/: DEFINE &ZNAME& = 'Müller'
```

Ausgegeben wird im SAPscript-Formular:

```
* &ZNAME&
```

Frage: Was steht auf dem Dokument?

- Friedrich?
- Name?
- Müller?

Antwort: Friedrich

Das SAPscript-Formular ersetzt die Symbole bei der Ausgabeaufbereitung immer in der gleichen Reihenfolge, entsprechend dem Schema in Abbildung 5.11.

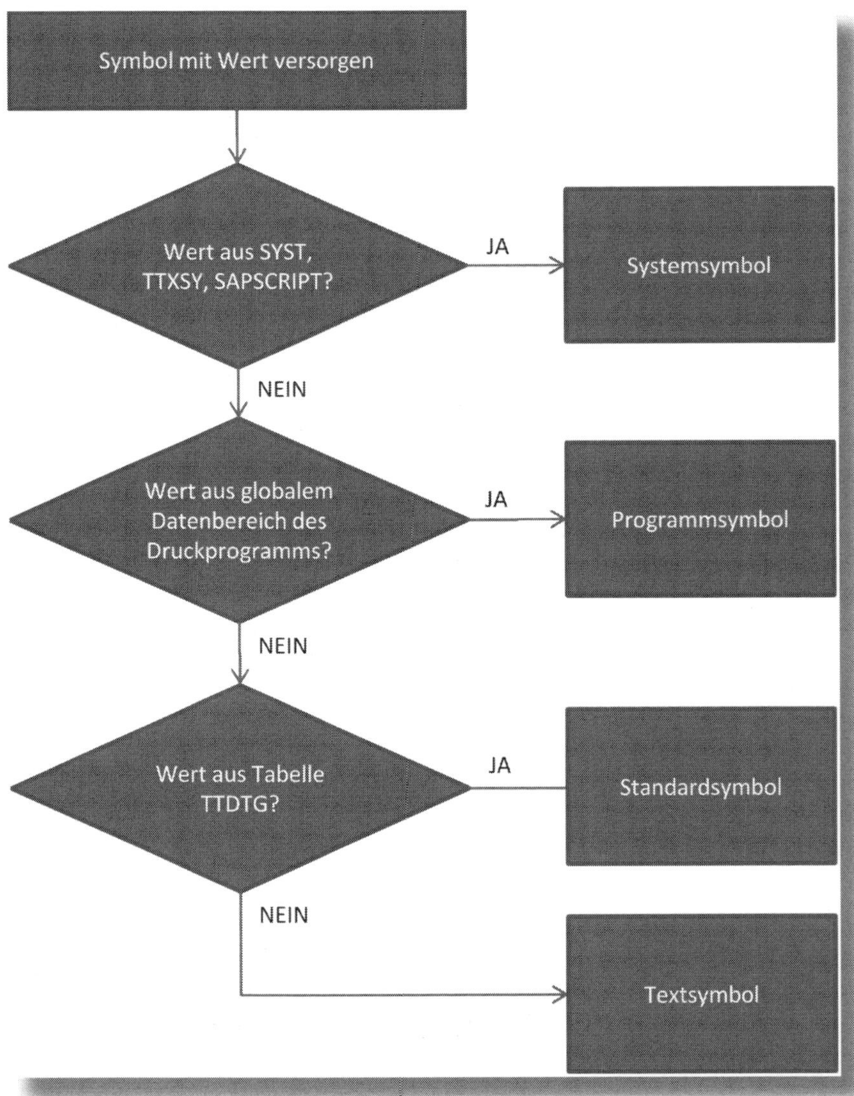

Abbildung 5.11: Symbolersetzung im SAPscript

Gerade an diesem Beispiel ist zu erkennen, wie wichtig es ist, »passende« Namen für Variablen und Symbole zu verwenden. Globale

Daten im Druckprogramm sollten nicht mit »Z« beginnen, sondern Sie sollten direkt erkennen, dass es sich um eine *globale Variable* handelt:

```
Data: gv_name(30) value 'Friedrich'.
```

Für Einträge in der Tabelle »TTDTG« ist es sinnvoll, *ZTTDTG* vorwegzusetzen. Somit kann jeder erkennen, dass es sich hierbei um ein Standardsymbol handelt.

```
ZTTDTG_NAME       Name
```

Die Definition von Textsymbolen im SAPscript-Formular kann weiterhin mit »Z« beginnen, da Sie nun eindeutig erkennen, dass es sich hierbei um ein Textsymbol handelt.

```
/: DEFINE &ZNAME& = 'Müller'
```

Nun können auch alle drei Werte im SAPscript-Formular angesprochen werden:

```
* &ZTTDTG_NAME&: &GV_NAME& &ZNAME&
```

Auf dem Dokument wird ausgegeben:

Name: Friedrich Müller

5.3.2 Absatzformate

In jedem SAPscript-Formular ist mindestens ein *Absatzformat* notwendig. Bereits in den Grundeinstellungen muss ein solches als Standardformat angegeben und jedem Absatz in einem Textelement ein solches zugewiesen werden.

Die Kennzeichnung für ein Absatzformat ist immer zweistellig und beginnt mit einem Buchstaben. Es gelten immer die Grundeinstellungen, es sei denn, Sie haben etwas anderes angegeben. Zu einem Absatzformat sind Einstellungen möglich im Hinblick auf

- Standardattribute,
- Font,
- Tabulatoren und
- Gliederung.

Grundeinstellungen

In den Grundeinstellungen hinterlegen Sie *Standardformatierungen*, die für das gesamte SAPscript-Formular gelten (siehe Tabelle 5.2). Diese Einstellungen gelten, solange keine abweichenden Einstellungen in einem Absatzformat angegeben sind.

Formatierung	Bedeutung
Default-Absatz	Der Absatz, der hier eingetragen ist, wird immer dann verwendet, wenn kein explizites Absatzformat angegeben wurde. In der Formatspalte der Textelemente wird dieser Default-Absatz mit »*« eingetragen.
Tabulatorstopp	Tabulatoren werden in Textelementen mit zwei aufeinanderfolgenden Kommata dargestellt. Wenn im angegeben Absatzformat kein Tabulator angegeben ist, dann wird der *Tabulatorstopp* aus den Grundeinstellungen verwendet.
Fontfamilie und Fonthöhe	Hier legen Sie die Standardschriftart und -größe fest. Sind im Absatzformat keine Schriftart/-größe vorgegeben, wird diese hier verwendet.
Fett/Kursiv/ Unterstrichen	Diese Einstellungen gelten für das gesamte SAP-script-Formular, es sei denn, sie werden explizit für ein Absatzformat deaktiviert.

Tabelle 5.2: Standardtextformatierungen

Standardattribute

In den *Standardattributen* können Sie allgemeine Eigenschaften eines Absatzes festlegen (siehe Tabelle 5.3).

Attribut	Bedeutung
Linker/Rechter Rand	Absätze werden immer vom linken zum rechten Fensterrand ausgegeben. Über diese Einstellung können Sie einen Abstand zum jeweiligen Fensterrand setzen.
Einzug 1. Zeile	Die erste Zeile eines Absatzes wird nach rechts (positiver Wert) oder links (negativer Wert) eingerückt.
Vorschlag/ Nachschlag	Der Abstand zwischen den Absätzen entspricht dem Nachschlag des vorherigen + dem Vorschlag des aktuellen Absatzes.
Ausrichtung	Links-/rechtsbündige sowie zentrierte Einstellung oder Blocksatz sind möglich.
Zeilenabstand	Betrifft den Abstand zwischen den Zeilen.
Ohne Leerzeilen	Leerzeilen werden in der Ausgabe unterdrückt.
Seitenschutz	Der Absatz darf nicht durch einen Seitenumbruch getrennt werden. Sollte der Absatz nicht komplett auf die Seite passen, dann wird der gesamte Absatz auf der Folgeseite ausgegeben – entspricht einem *PROTECT* und *ENDPROTECT* zu Beginn und Ende eines Absatzes.
Folgeabsatz selbe Seite	Aktueller Absatz und Folgeabsatz werden miteinander verbunden. Der nachfolgend aufgerufene Absatz muss mit mind. einer Zeile noch auf der gleichen Seite ausgegeben werden. Ist das nicht möglich, werden ein Seitenumbruch angestoßen und bereits der aktuelle Absatz auf der Folgeseite ausgegeben.

Tabelle 5.3: Standardattribute

Font

Die Attribute bzgl. der Schrift werden aus den Grundeinstellungen übernommen und können pro Absatz übersteuert werden. In Tabelle 5.4 werden die entsprechenden Attribute noch einmal erläutert.

Attribut	Bedeutung
Fontfamilie	Schriftart
Fonthöhe	Schriftgröße
Fett	Fettschrift An, Aus oder Halten (Einstellung des vorhergenutzten Absatzes)
Kursiv	Kursivschrift An, Aus oder Halten (Einstellung des vorhergenutzten Absatzes)
Unterstrichen	Abschnitt unterstreichen An, Aus oder Halten (Einstellung des vorhergenutzten Absatzes) Hier können weitere Einstellungen zum Unterstrich vorgenommen werden: Abstand Dicke Helligkeit

Tabelle 5.4: Fontattribute

Tabulatoren

Tabulatoren werden in den Textelementen mit zwei aufeinanderfolgenden Kommata dargestellt. Eingestellt ist der Tabulatorabstand entsprechend den Grundeinstellungen. Pro Absatz können eigene Tabulatoren gesetzt und jeder wie folgt ausgerichtet werden:

- linksbündig,
- rechtsbündig,
- zentriert,
- am Vorzeichen oder
- am Komma bzw. Dezimalpunkt.

Gliederung

Mit den *Gliederungsattributen* können Sie eine automatische Absatz- und Überschriftennummerierungen einstellen, ähnlich der Formatvorlagen für Überschriften in Standardtextverarbeitungsprogrammen. In

Tabelle 5.5 finden Sie alle Gliederungsattribute mit ihren Bedeutungen aufgelistet.

Attribut	Bedeutung
Gliederung	Name des Absatzes, der der höchsten Gliederungsebene entspricht. Diese Einstellung müssen Sie allen Gliederungsabsätzen mitgeben, die dieser Gliederungshierarchie angehören. Es kann als Gliederung hier nur ein Absatzformat eingetragen werden, das in diesem Feld einen Eintrag hat.
Gliederungsstufe	Die oberste Gliederungsstufe ist die 1, alle folgenden Stufen werden entsprechend aufsteigend durchnummeriert.
Nummerierungstyp	Einstellung, welche Art der Nummerierung verwendet werden soll: ▶ arabische Ziffern ARABIC ▶ römische Ziffern ROMAN ▶ Buchstaben LETTER ▶ eine feste Zeichenfolge CHAR – hinterlegt in *Fixzeichen*
Fixzeichen	Für den Nummerierungstyp CHAR legen Sie hier fest, welche Zeichenfolge ausgegeben werden soll. So können Sie beispielsweise eine nicht nummerierte Aufzählung mit einem »o_« als Markierung erstellen. Wenn Sie ein Leerzeichen eingeben wollen, stellen Sie dies mit einem Unterstrich dar.
Nummernrand	Hier legen Sie fest, wie groß der Abstand zwischen linkem Fensterrand und der Nummerierung sein soll. Damit der nachfolgende Text nicht über die Nummern ausgegeben wird, muss der Text entsprechend so weit nach links geschoben werden, dass die Nummernausgabe problemlos funktioniert. Diese Einstellung nehmen Sie in den Standardattributen zu diesem Absatzformat vor.

Attribut	Bedeutung
Linker/rechter Begrenzer	Wenn Sie in diese Felder Text angeben, wird dieser wie gewünscht links bzw. rechts von der Nummerierung ausgegeben. Ein Leerzeichen stellen Sie mit einem Unterstrich dar. Sie geben zum Beispiel *Tabelle_* als linker Begrenzer ein und haben arabische Ziffern als Nummerierungstyp gewählt. Dann wird die Absatznummerierung wie folgt ausgegeben: Tabelle 1 Tabelle 2 usw.
Nummernverkettung	Die Nummerierungen der einzelnen Ebenen werden verbunden. Sollen zwischen den Nummerierungen Zeichen ausgegeben werden, sind diese in den linken bzw. rechten Begrenzer einzutragen. Soll zum Beispiel die Ausgabe wie folgt aussehen: erste Ebene 1., zweite Ebene 1.1., dritte Ebene 1.1.1., dann müssen Sie im rechten Begrenzer einen Punkt eintragen.
Ausgabelänge	Für den Numerierungstyp ARABIC legen Sie hier fest, welche Ausgabelänge die Absatznummerierung haben soll. Die Werte werden mit führenden Nullen aufgefüllt. Bei einer Ausgabelänge von »3« werden die Absatznummerierungen wie folgt ausgegeben: 001, 002, 003.
Großschreibung	Die Werte bei Nummerierungstyp LETTER und ROMAN werden in Großbuchstaben ausgegeben.
Zeichenfolge	Für die Nummerierung können Sie hier ein Zeichenformat hinterlegen. Dieses wirkt sich nur auf die Nummerierung und nicht auf den nachfolgenden Text in der Zeile aus.

Tabelle 5.5: Gliederungsattribute

Sie möchten zum Beispiel

- eine Gliederung über drei Ebenen einstellen,
- die Nummerierung fett und mit unterschiedlich großer Schriftgröße ausgeben und
- eine Nummernverkettung mit Punkt erfolgen lassen.

Dazu benötigen Sie drei Absatzformate mit den Einstellungen aus Tabelle 5.6:

Attribut	Ebene 1	Ebene 2	Ebene 3
ABSATZ	AA	BB	CC
GLIEDERUNG	AA	AA	AA
GLIEDERUNGSSTUFE	01	02	03
NUMMERNVERKETTUNG	JA	JA	JA
RECHTER BEGRENZER	.	.	.
ZEICHENFOLGE	F1 Fett 14er-Schrift	F2 Fett 12er-Schrift	F3 Fett 10er-Schrift
LINKER RAND	2 CM	2 CM	2 CM

Tabelle 5.6: Gliederung über drei Ebenen

In einem Textelement tragen Sie folgende Zeilen ein:

```
AA          Überschrift der Ebene 1 - AA
*           Text zur Ebene 1 - AA
*
BB          Überschrift der Ebene 2 - BB
*           Text zur Ebene 2 - BB
*
CC          Überschrift der Ebene 3 - CC
*           Text zur Ebene 3 - CC
*
CC          Überschrift der Ebene 3 - CC
*           Text zur Ebene 3 - CC
*
```

Im Dokument erhalten Sie eine Ausgabe entsprechend Abbildung 5.12:

```
1.        Überschrift der Ebene 1 - AA
Text zur Ebene 1 - AA

1.1.      Überschrift der Ebene 2 - BB
Text zur Ebene 2 - BB

1.1.1.    Überschrift der Ebene 3 - CC
Text zur Ebene 3 - CC

1.1.2.    Überschrift der Ebene 3 - CC
Text zur Ebene 3 - CC
```

Abbildung 5.12: Ausgabe einer Gliederung

5.3.3 Steuerkommando RESET

Wird in einem Absatzformat die Gliederung verwendet, dann werden die einzelnen Gliederungsabsätze fortlaufend nummeriert. Möchten Sie die Nummerierung zwischendurch auf den Startwert *zurücksetzen*, können Sie das Steuerkommando RESET verwenden. Dieses Steuerkommando wird zum Beispiel verwendet, wenn mehrere Aufzählungen vorhanden sind und diese jeweils mit der Nummerierung wieder von Anfang beginnen sollen.

```
/: RESET absatz_format
```

Mit dem Parameter `absatz_format` übergeben Sie das Kürzel für die Absatzformatierung, die zurückgesetzt werden soll.

5.3.4 Schriftarten und -größen

Ein zentraler Punkt bei der Ausgabe von Dokumenten ist die Schrift. Im Allgemeinen sollten die im SAP hinterlegten Schriftarten und -größen ausreichend sein. Es gibt aber auch hier immer wieder Anpassungsbedarf.

Zur Pflege von Fonts gibt es eine eigene *SAPscript-Fontpflege*. Diese erreichen Sie über WERKZEUGE • FORMULARDRUCK • ADMINISTRATION • FONT oder mithilfe der Transaktion *SE73*.

Mandantenübergreifende Fontpflege

Die Fontpflege ist nicht mandantenabhängig und somit für das gesamte SAP-System verfügbar. Nehmen Sie, wenn möglich, an den vorgegebenen Einstellungen keine Änderungen vor, sondern legen Sie eigene Objekte im Kundennamensraum an.

Auch wenn Sie hier keine Änderungen machen können, wollen oder dürfen, ist es recht hilfreich, wenn Sie verstehen, wie die Schriften auf einem Drucker zur Ausgabe kommen und welche Einstellungsmöglichkeiten es gibt.

Schriftarten

Eine Schrift wird immer aus einer Kombination aus Einstellungen definiert:

- Fontfamilie
- Fonthöhe
- Fettschrift
- Kursivschrift

Zu einer *Fontfamilie* wird hinterlegt (siehe Abbildung 5.13),

- ob es sich um einen *Proportionalschrift* handelt und
- welche Ersatzfontfamilie verwendet werden soll, wenn die entsprechende im Druckertreiber nicht vorhanden sein sollte sowie
- ggf. ein von den aktuellen Einstellungen abweichender Zeichensatz.

SAPscript Fontpflege: Fontfamilien anzeigen

Sprachenvektor RTF-Fontinfo

Familie	Bedeutung	P	Ers.1	Ers.2	Ers.3	Zeichensatz
HELVCYR	ISO-5: Cyrillic Helvetica	☑	TIMECYR	HELVE		0000
HELVE	Helvetica	☑	TIMES			0000
HELV_I7	ISO-7: Greek Helvetica	☑	TIME_I7	HELVE		0000
JPMINCHO	Standard DB font Japan	☐				0000
JPMINCHP	DB Font Japan, prop.Latin	☑				0000
KPBATANG	Standard DB Font Korea	☐	KPSAMMUL	KPDODUM		0000
KPBATANP	Korean DB Font, prop.Latin	☑				0000
KPDODUM	Standard DB Font Korea	☐	KPSAMMUL	KPBATANG		0000
KPGULIM	DB Font Korean	☐	KPSAMMUL	KPDODUM		0000
KPGUNGSE	Standard DB Font Korea	☐	KPSAMMUL	KPBATANG		0000
KPSAMMUL	Standard DB font Korea	☐				0000
LETGOTH	Letter Gothic	☐	COURIER	LNPRINT		0000

Abbildung 5.13: Fontfamilien

Fontfamilie und reale Schriften

Die Namen der Fontfamilien, wie zum Beispiel HELVE oder TIMES, sind reine SAP-Namen für den internen Gebrauch. Die Zuordnungen der Fontfamilien zu realen Schriftdateien werden im Gerätetyp hinterlegt.

Zu jeder Fontfamilie werden alle Kombinationen von Fonthöhe, Fett- und Kursivschrift hinterlegt (siehe Abbildung 5.14).

Als *Druckerfonts* werden dann zu jedem Gerätetyp die einzelnen Fonts hinterlegt, wie Abbildung 5.15 verdeutlicht.

SAPscript Fontpflege: Systemfonts anzeigen

Fontumsetzung

Familie	Fonthöhe	Fett	Kursiv
HELVE	060	☐	☐
HELVE	060	☐	☑
HELVE	060	☑	☐
HELVE	060	☑	☑
HELVE	070	☐	☐
HELVE	070	☑	☐
HELVE	075	☐	☐
HELVE	080	☐	☐
HELVE	080	☐	☑
HELVE	080	☑	☐
HELVE	080	☑	☑
HELVE	100	☐	☐
HELVE	100	☐	☑
HELVE	100	☑	☐
HELVE	100	☑	☑
HELVE	120	☐	☐
HELVE	120	☐	☑
HELVE	120	☑	☐
HELVE	120	☑	☑
HELVE	140	☐	☐
HELVE	140	☐	☑
HELVE	140	☑	☐
HELVE	140	☑	☑

Abbildung 5.14: Fontpflege

SAPscript Fontpflege: Druckerfonts anzeigen

Fontumsetzung   Metrik anzeigen   Printcontrol anzeig.

Gerätetyp	Familie	Fonthöhe	Fett	Kursiv	CPI	PrintCtl1	PrintCtl2	Skalierb
HPLJ5	COURIER	060	☐	☐	17,00	SF000	SF000	☐
HPLJ5	COURIER	060	☐	☑	17,00	SF001	SF001	☐
HPLJ5	COURIER	060	☑	☐	17,00	SF002	SF002	☐
HPLJ5	COURIER	060	☑	☑	17,00	SF003	SF003	☐
HPLJ5	COURIER	080	☐	☐	15,00	SF004	SF004	☐
HPLJ5	COURIER	080	☐	☑	15,00	SF005	SF005	☐
HPLJ5	COURIER	080	☑	☐	15,00	SF006	SF006	☐
HPLJ5	COURIER	080	☑	☑	15,00	SF007	SF007	☐
HPLJ5	COURIER	100	☐	☐	12,00	SF008	SF008	☐
HPLJ5	COURIER	100	☐	☑	12,00	SF009	SF009	☐
HPLJ5	COURIER	100	☑	☐	12,00	SF010	SF010	☐
HPLJ5	COURIER	100	☑	☑	12,00	SF011	SF011	☐
HPLJ5	COURIER	120	☐	☐	10,00	SF012	SF012	☐
HPLJ5	COURIER	120	☐	☑	10,00	SF013	SF013	☐
HPLJ5	COURIER	120	☑	☐	10,00	SF014	SF014	☐
HPLJ5	COURIER	120	☑	☑	10,00	SF015	SF015	☐
HPLJ5	COURIER	140	☐	☐	8,00	SF016	SF016	☐
HPLJ5	COURIER	140	☐	☑	8,00	SF017	SF017	☐
HPLJ5	COURIER	140	☑	☐	8,00	SF018	SF018	☐
HPLJ5	COURIER	140	☑	☑	8,00	SF019	SF019	☐
HPLJ5	COURIER	160	☐	☐	6,00	SF020	SF020	☐
HPLJ5	COURIER	160	☐	☑	6,00	SF021	SF021	☐
HPLJ5	COURIER	160	☑	☐	6,00	SF022	SF022	☐

Abbildung 5.15: Druckerfonts

Unterschiedliche Gerätetypen

Es kommt immer wieder vor, dass ein und derselbe Ausdruck auf verschiedenen Druckern unterschiedlich aussieht. Das kann daran liegen, dass als Drucker unterschiedliche Gerätetypen mit unterschiedlichen Fonts zugewiesen wurden.

Aus diesem Grund sollten Sie die Tests eines SAPscript-Formulars immer auf allen Druckern durchführen, auf denen später auch im *Produktivsystem* gedruckt werden soll. Damit können Sie sich Überraschungen beim Produktivsetzen des SAPscript-Formulars ersparen.

Firmeneigene Schriftarten

Viele Firmen verwenden eigene Schriftarten bei der Ausgabe von Dokumenten – und diese sind zum Teil nicht im SAP-Standard vorhanden. Nun bieten sich zwei Möglichkeiten:

- Entweder Sie verwenden eine SAP-Schriftart, die der firmeneigenen am nächsten kommt, oder
- Sie installieren die firmeneigene Schriftart als *TrueType-Font* (seit SAP-Release 4.6C möglich).

Soll eine eigene Schriftart installiert werden, benötigen Sie lediglich eine TrueType-Datei des gewünschten Fonts (zum Beispiel meineSchrift.ttf). In der Transaktion *SE73* haben Sie die Möglichkeit, diese Datei einzulesen. Danach können Sie die neue Schriftart in Ihren SAPscript-Formularen verwenden.

Barcodes

Es gibt immer häufiger die Anforderung, Daten als *Barcode* auf einem Dokument auszugeben. Zum Beispiel könnten beim Wareneingang direkt Barcode-Etiketten mit allen notwendigen Informationen gedruckt werden, mit denen die Ware dann etikettiert wird. Das erleichtert später ein Umlagern oder auch eine Inventur, denn die Daten können mithilfe eines Barcode-Lesegerätes einfacher erfasst werden.

Der Barcode wird im SAPscript-Formular als Zeichenformat angelegt. In den Standardattributen gibt es ein eigenes Feld Barcode, in dem ein *System-Barcode* ausgewählt werden kann (siehe Abbildung 5.16).

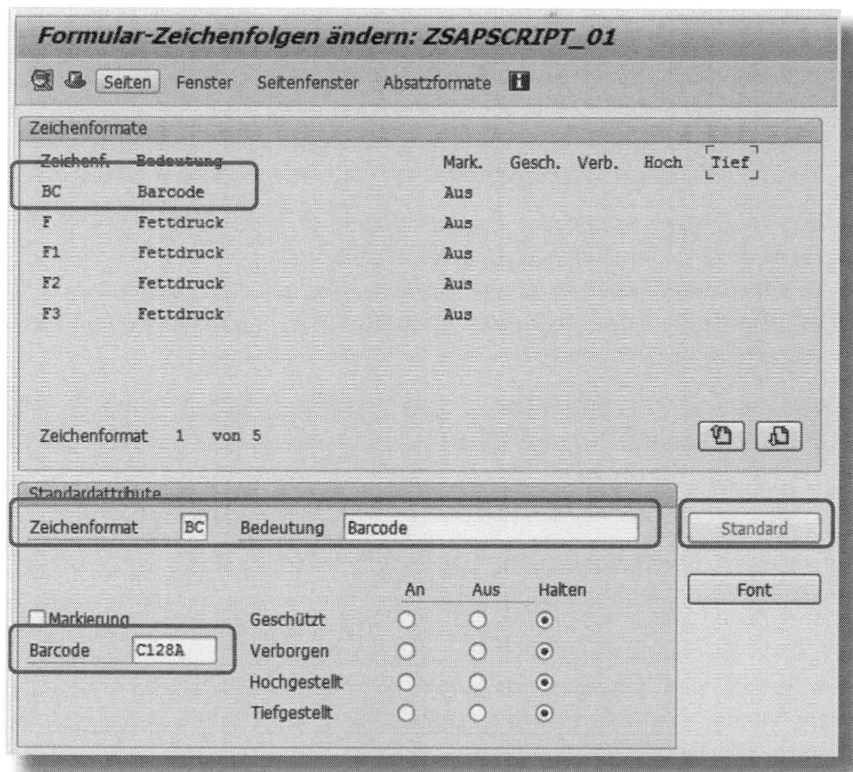

Abbildung 5.16: Barcode-Zeichenformat

Soll eine Zeichenfolge als Barcode ausgegeben werden, wird das zuvor angelegte Zeichenformat verwendet.

```
*    <BC>123456789</>
```

Die Ausgabe erfolgt dann zum Beispiel entsprechend Abbildung 5.17.

Abbildung 5.17: Barcode-Ausgabe

Früher bot SAP nur eine Möglichkeit, einen Barcode auszugeben. Dieser *herkömmliche Barcode* wurde nicht im SAP-System erzeugt, sondern erst im Drucker – entsprechend war eine spezielle Hardware (zum Beispiel ein SIMM-Modul) dafür notwendig. Des Weiteren gab es keine PDF-Konvertierung, der Barcode wurde nur simuliert und entsprach nicht dem echten Barcode.

Seit SAP Web Application Server 6.40 gibt es eine *neue Barcode-Technologie*. Der Barcode wird dabei innerhalb des SAP-Systems als Grafik erzeugt, weshalb zusätzliche Hardware nicht mehr notwendig ist. Somit entspricht auch ein Barcode auf einem PDF-Dokument dem tatsächlichen Barcode.

Neue Barcode-Technologie

Möchten Sie die neue Barcode-Technologie nutzen, so beachten sie unbedingt den SAP-Hinweis 645158. Es sind zuvor evtl. einige Hinweise in Ihr System einzuspielen. Bei PDF-basierten Druckformularen werden die hier genannten Barcodetechnologien nicht mehr verwendet, dort sind Barcodes in der Object Library hinterlegt und können entsprechend eingebunden werden.

SAPscript und neuer Barcode

Die neue Barcode-Technologie kann in SAPscript-Formularen erst ab SAP Release 7.0 verwendet werden. Zusätzlich beachten Sie bitte SAP-Hinweis 1558595.

In Transaktion *SE73* können Sie sich alle System-barcodes ansehen und auch eigene hinterlegen. In der Übersicht finden Sie herkömmliche und neue Barcode-Formate. Barcodes, welche über die aktuelle Technologie ausgegeben werden, sind farblich hinterlegt. Abhängig von der Barcode-Symbologie, sind weitere Detailinformationen vorhanden (siehe Abbildung 5.18).

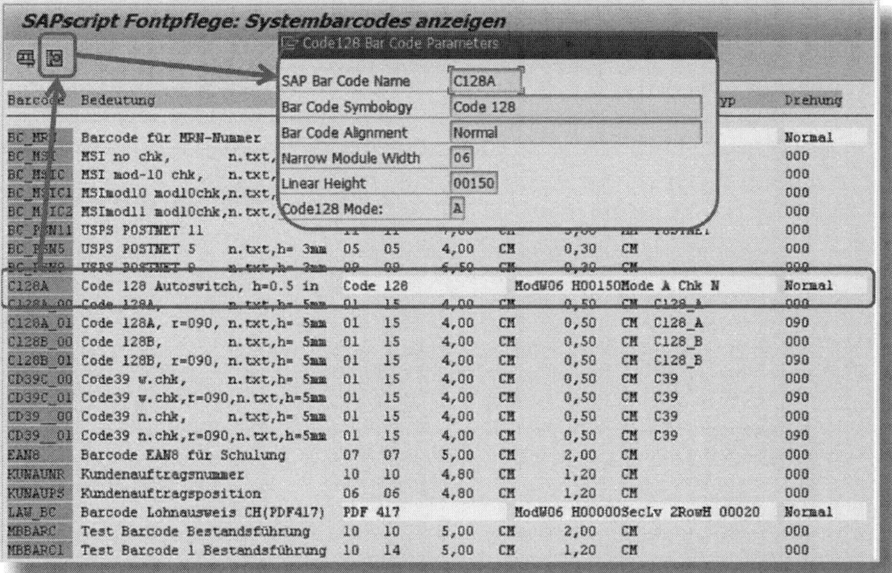

Abbildung 5.18: System-Barcodes

Aktuell können folgende *Barcode-Symbologien* für die neue Barcode-Technologie verwendet werden:

- Code 39
- Code 128
- Interleaved 2of5
- PDF 417
- Code 93
- RFID Gen2 tag
- Datamatrix ECC200
- QR Code 2005

Printcontrol

Zum Teil wird nicht zur Text zu einem Drucker zur Ausgabe gesendet, sondern es werden auch weitere Funktionen des Druckers angesprochen, die nicht mit SAP-Standardtechnologien abgedeckt werden.

Insbesondere bei alten Zeilen- oder Etikettendruckern musste ich immer wieder die Anforderung erfüllen, dass zum Beispiel ein Barcode ausgedruckt werden sollte, diese Funktion aber für die genutzten Drucker nicht über die SAP-Standardtechnologien abgedeckt war. Um solche Funktionen auszugeben, kann das Steuerkommando PRINT-CONTROL verwendet werden.

```
/: PRINT-CONTROL name
```

Printcontrols

Jeder Drucker hat seine eigene Sprache und versteht eigene Printcontrols. Diese können in der Spool-Pflegetransaktion *SPAD* zu dem jeweiligen Gerätetyp hinterlegt werden. Dazu sind allerdings weitreichende druckerspezifische Erfahrungen nötig. Zum Teil ist es hilfreich, wenn Sie sich direkt beim Hersteller ein Entwicklerhandbuch zum jeweiligen Drucker anfordern.

5.3.5 Steuerkommandos TOP/BOTTOM

Mit den Funktionsbausteinen WRITE_FORM und WRITE_FORM_LINES können Sie unter anderem die Möglichkeit nutzen, Texte in den Kopf- oder Fußbereich eines MAIN-Fensters zu schreiben. Dazu wird der Parameter TYPE verwendet. Sie können hier Folgendes angeben:

- TOP für den Kopfbereich
- BODY für den Hauptbereich
- BOTTOM für den Fußbereich des Fensters MAIN

In unserem Beispiel haben wir dies genutzt, um die Überschriftenzeile über den Materialien für die Folgeseiten zu setzen. Die Programmierung dazu sehen Sie im Listing 5.4.

```
*   Positionsüberschrift setzen für Folgeseiten
    CALL FUNCTION 'WRITE_FORM'
      EXPORTING
        element  = 'ITEM_HEADER'
        function = 'SET'
        type     = 'TOP'.
```

Listing 5.4: Positionsüberschrift ausgeben

Sie können anstelle des Aufrufs aus dem Druckprogramm heraus auch direkt im SAPscript-Formular mit Steuerkommandos programmieren. Dazu können Sie die beiden Steuerkommandos TOP und BOTTOM verwenden.

Die beiden Steuerkommandos beginnen mit TOP bzw. BOTTOM und enden mit ENDTOP bzw. ENDBOTTOM. Der Text, der zwischen diesen jeweiligen Steuerkommandos steht, wird an der entsprechenden Stelle im SAPscript-Formular ausgegeben.

```
/: TOP
...
/: ENDTOP
```

und

```
/: BOTTOM
...
/: ENDBOTTOM
```

Ausgeschaltet werden Kopf-/Fußtexte, indem die entsprechenden Steuerkommandos ohne Textzeilen dazwischen aufgerufen werden.

Für die Steuerung beachten Sie bitte:

- TOP und BOTTOM können nur für MAIN-Fenster verwendet werden.

- Wurde vor dem Aufruf der Steuerkommandos im MAIN-Fenster etwas ausgegeben, wird der Kopftext erst auf der Folgeseite ausgegeben.
- Wird ein Fußtext aufgerufen und es ist auf der aktuellen Seite genügend Platz, steht dieser dann in der Ausgabe noch auf der laufenden Seite.
- Für eine aktuelle Seite kann ein Kopftext nicht gelöscht werden, sondern immer nur für die Folgeseiten.
- Solange ein Fußtext noch nicht angedruckt wurde, kann er für die laufende Seite gelöscht werden.
- Definitionen von Kopf-/Fußtexten sollten Sie zwischen SAPscript-Formular und Druckprogramm nicht mischen. Entweder Sie definieren die Bereiche im SAPscript-Formular oder im Druckprogramm. Es kann sonst zu unerwünschten Ergebnissen kommen, da ein Kommando das andere überschreiben könnte.

5.4 Kurzquiz zur Lernkontrolle

1. In welcher Reihenfolge werden die Symbole in einem Textelement ersetzt?
   a) Systemsymbole, Programmsymbole, Standardsymbole, Textsymbole,

   b) Programmsymbole, Textsymbole, Standardsymbole, Systemsymbole oder

   c) Textsymbole, Programmsymbole, Standardsymbole, Systemsymbole.

2. Welche Barcodes können mit der neuen Barcode-Technologie dargestellt werden (Mehrfachnennung möglich)?
   a) Code 39,

   b) Code 128,

c) Datamatrix ECC200,

d) QR-Code 2005.

3. Um eine Positionsüberschrift im Fenster MAIN auch auf den Folgeseiten auszugeben, rufen Sie im Druckprogramm den Funktionsbaustein WRITE_FORM mit den folgenden Exportparametern auf:

   a) function = 'DO'
      type = 'UEBERSCHRIFT',

   b) function = 'SETZE'
      type = 'TOP',

   c) function = 'SET'
      type = 'TOP'.

Antworten siehe Anhang: »Lösungen Kurzquiz«.

6 Infoblock und PAGE2 anlegen

Inhaltlich ist das Kundenanschreiben jetzt stimmig, doch soll nun das Layout angepasst werden, indem wir die Folgeseiten anders gestalten. Zudem sollen zusätzliche Informationen wie Kundennummer, Seitenzahl und Tagesdatum in einem Infoblock ausgegeben werden.

Zum Testen benötigen Sie

- Kundennummern und
- Materialnummern.

Infoblock- und PAGE2-Ausgabe

Die Anpassungen am SAPscript-Formular können Sie sich auch in folgendem Video anschauen:

http://sapscript04.espresso-tutorials.com.

6.1 SAPscript mit Folgeseiten – Layout anpassen und Infoblock ergänzen

Zum Anpassen des SAPscript-Formulars »ZSAPSCRIPT_01« rufen Sie den Form Painter (Transaktion *SE71*) auf. Folgende neuen Elemente werden im SAPscript-Formular benötigt:

- FENSTER »INFO1« und »INFO2« (für Folgeseite)
- FOLGESEITE »PAGE2«
- Zeichenformat
- Absatzformate

Gerade in diesem Beispiel ist es wichtig, in welcher Reihenfolge Sie welche Anpassungen durchführen. Durch geschicktes Kopieren bestehender Elemente können Sie sich die Arbeit erleichtern.

6.1.1 Neues Fenster INFO1 auf Seite FIRST

Lassen Sie sich die Fenster des SAPscript-Formulars anzeigen und legen Sie ein neues Fenster »INFO1« mit der Bedeutung Info erste Seite über das Menü Bearbeiten • Anlegen Element... an. Positionieren Sie auf das Fenster »INFO1« auf der Seite »FIRST« mit folgenden Attributen:

- Linker Rand *12,50 CM*
- Fensterbreite *30,00 CH* (Zeichen)
- Oberer Rand *5,00 CM*
- Fensterhöhe *5,50 LN* (Zeilen)

Prüfen Sie das Seitenlayout über die Menüauswahl Hilfsmittel • Seitenlayout. Das aktive Fenster »INFO1« wird wie in Abbildung 6.1 etwas dunkler dargestellt. Sie können klar erkennen, dass sich zwei Fenster überschneiden, entsprechend muss das MAIN-Fenster nach unten verschoben werden.

Passen Sie die Attribute des Fensters »MAIN« wie folgt an:

- Oberer Rand *5,00 CM*
- Fensterhöhe *14,50 CM*

Überprüfen Sie die Lage der Fenster über das Seitenlayout erneut. Nun sollten alle Fenster ohne Überlappungen angezeigt werden.

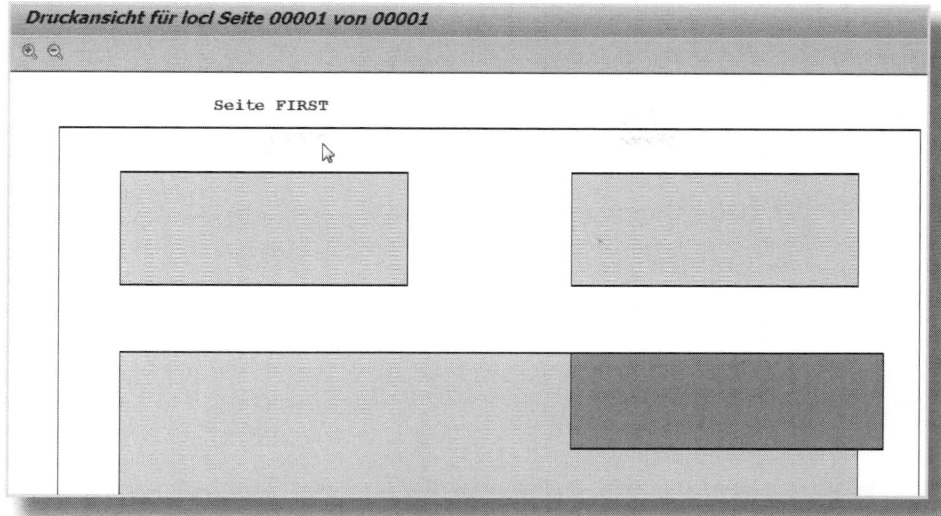

Abbildung 6.1: INFO1 auf Seite FIRST

6.1.2 Rahmen und Inhalte in INFO1

Legen Sie nun die Textelemente zum Fenster »INFO1« an. Dazu markieren Sie dieses Fenster mit einem Doppelklick in die entsprechende Zeile und wechseln in die Ansicht der Textelemente (mit F9). Übernehmen Sie die nachfolgend vorgegebenen Einträge als Default-Textelement (also ohne einleitende /E-Zeile):

```
/*    Definition des Rahmens und der Schattierung
/:    POSITION XORIGIN -1 MM YORIGIN -1 MM
/:    SIZE WIDTH +1 MM HEIGHT +1 MM
/:    BOX FRAME 10 TW
/:    BOX HEIGHT 8 MM FRAME 10 TW INTENSITY 10
/*    Inhalt des Fensters
*     Infoschreiben
*
*     Kundennummer:,,&GS_KNA1-KUNNR&
*     Datum:,,&DATE&
*     Seite:,,&PAGE& von &SAPSCRIPT-FORMPAGES&
```

Noch einmal zur Erinnerung:

/E	Beginn eines Textelements (wird hier nicht verwendet)
/*	Kommentarzeile, wird nicht ausgegeben
/:	Steuerkommando
*	Default-Absatzformat
,,	Tabulator
&...&	Symbole

Mit den vier Steuerkommandozeilen werden zwei Boxen mit Rahmen und einer Schattierung erzeugt (siehe Abbildung 6.2).

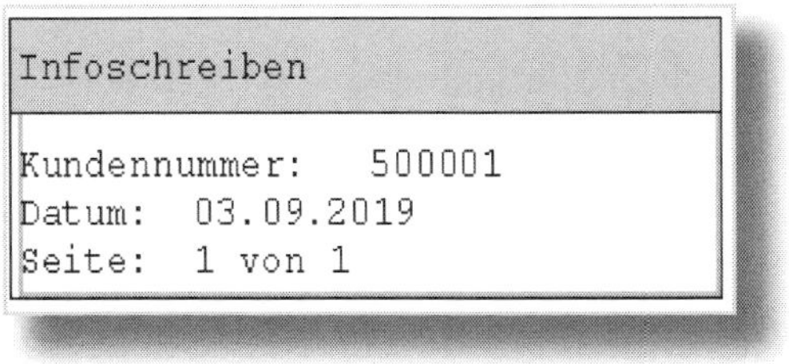

```
Infoschreiben

Kundennummer:   500001
Datum:  03.09.2019
Seite:  1 von 1
```

Abbildung 6.2: Infoblock mit Rahmen und Schattierungen

6.1.3 Absatz-/Zeichenformate anlegen

Damit der hier dargestellte Infoblock etwas strukturierter wirkt, legen Sie noch zwei Absatzformate sowie ein Zeichenformat an. Wechseln Sie zu den Absatzformaten und legen Sie ein neues Element mit folgenden Attributen an:

- Absatz *X1*
- Bedeutung *Infoblock Überschrift*
- Fonthöhe *14*
- Fett *An*

Darüber hinaus legen Sie ein weiteres Element mit folgenden Attributen an:

- Absatz *X2*
- Bedeutung *Infoblock*
- Tabulator *15 CH LEFT*

Des Weiteren wird ein neues Zeichenformat für den Fettdruck benötigt. Legen Sie dieses mit folgenden Attributen an:

- Zeichenformat *F*
- Bedeutung *Fettdruck*
- Fett *An*

6.1.4 Absatz- und Zeichenformate zuweisen

Nun müssen die neuen Formatangaben den entsprechenden Texten zugewiesen werden. Wechseln Sie hierfür in die Textelemente des Fensters »INFO1«. Die Zeile

```
*       Infoschreiben
```

soll das Absatzformat »X1« erhalten. Dazu klicken Sie in die entsprechende Zeile und gehen über das Menü Format • Absatz. Es öffnet sich ein Pop-up mit allen definierten Absatzformaten (siehe Abbildung 6.3).

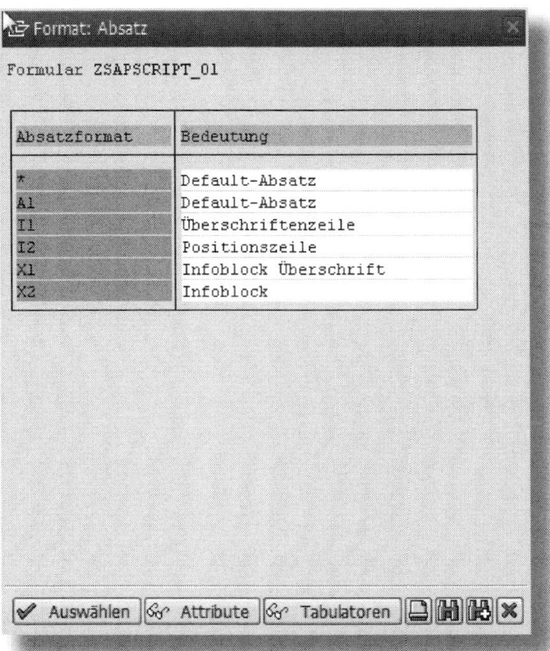

Abbildung 6.3: Absatzformat einer Zeile zuweisen

Wählen Sie hier mit Doppelklick das Absatzformat »X1« aus. Das Pop-up schließt sich und in der Spalte Format ist nun sichtbar, dass der Zeile das Format »X1« zugeordnet wurde.

Die letzten drei Zeilen mit Kundennummer, Datum und Seite sollen das Absatzformat X2 erhalten. Dazu markieren Sie diese Zeilen, indem Sie pro Zeile in der Formatspalte doppelklicken. Der Texteditor wechselt in den Anzeigemodus, und die angeklickten Zeilen werden blau dargestellt. Wählen Sie über Format • Absatz das Absatzformat X2 aus. Die entsprechenden Zeilen haben nun das ausgewählte Format erhalten.

Nun weisen Sie das Zeichenformat Fettdruck einzelnen Worten zu. Klicken Sie dazu auf das Wort Kundennummer und rufen Sie das Menü Format • Zeichen auf. Im sich öffnenden Pop-up (siehe Abbildung 6.4) wählen Sie das Zeichenformat *»F«* mit einem Doppelklick aus.

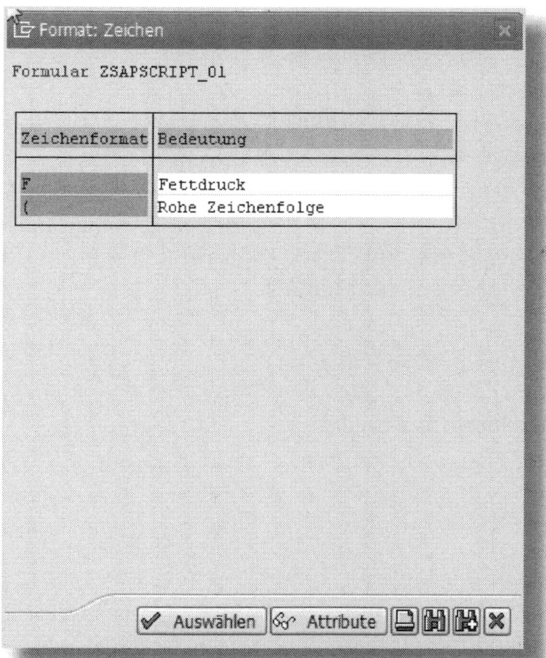

Abbildung 6.4: Zeichenfolge zuweisen

Das Wort Kundennummer wird nun von <F> und </> eingeschlossen. Wiederholen Sie die Zuweisung des Zeichenformats »Fettdruck« bei den Worten »Datum« und »Seite«. Die von Ihnen formatierten Zeilen sollten nun wie folgt aussehen:

```
/*          Inhalt des Fensters
X1          Infoschreiben
*
X2          <F>Kundennummer:</>,,&GS_KNA1-KUNNR&
X2          <F>Datum:</>,,&DATE&
X2          <F>Seite:</>,,&PAGE& von &SAPSCRIPT-FORMPAGES&
```

Natürlich müssen Sie die Formatierungen für Absatz und Zeichen nicht immer über das Menü einbinden. Sie können die entsprechenden Formate auch direkt in die entsprechenden Stellen eintippen.

6.1.5 Neue Folgeseite – PAGE2

Bisher haben Sie in unserem Beispiel nur eine einzige Seite im SAPscript-Formular definiert, die mit FIRST benannt ist. Diese Seite verweist rekursiv als Folgeseite auf sich selbst (siehe Abschnitt 3.1.1, Hinweis zur Folgeseite). Somit haben alle Seiten, die ausgegeben werden, das gleiche Layout. Nun soll eine Folgeseite mit einem angepassten Layout eingerichtet werden. Dazu müssen Sie eine neue Seite »PAGE2« im SAPscript-Formular anlegen.

Wechseln Sie in die Anzeige der Seiten und legen eine neue Seite über Bearbeiten • Kopieren Element... an. Es öffnet sich ein Pop-up, das Sie entsprechend Abbildung 6.5 füllen:

- Von Seite *FIRST*
- nach Seite *PAGE2*
- Hierbei unbedingt die Auswahl Kopieren mit Seitenfenstern wählen, ansonsten müssen Sie alle Fenster manuell auf der Seite »PAGE2« anlegen und positionieren.

Abbildung 6.5: Kopieren einer Seite

Eine neue Seite »PAGE2« wird Ihnen in der Seitenübersicht angezeigt. Übernehmen Sie noch folgende Attribute dazu:

- Bedeutung *Folgeseite*
- Folgeseite *PAGE2*

Damit nun nach der Ausgabe der ersten Seite das Layout automatisch von FIRST auf PAGE2 umgestellt wird, müssen Sie noch in der Seite FIRST die Folgeseite auf PAGE2 umstellen. Die Übersicht der Seiten sollte bei Ihnen nun wie in Abbildung 6.6 aussehen.

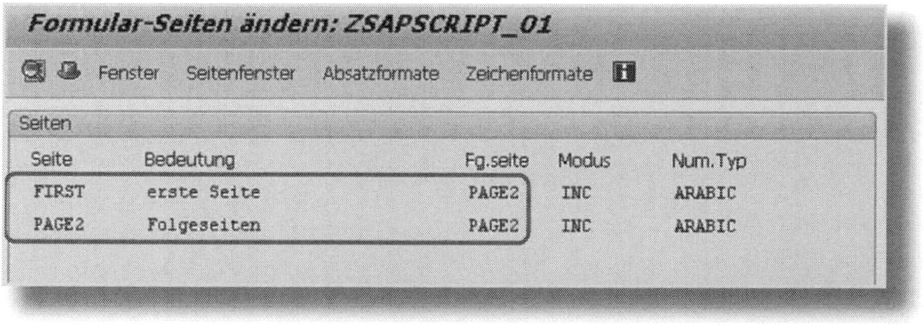

Formular-Seiten ändern: ZSAPSCRIPT_01

Fenster Seitenfenster Absatzformate Zeichenformate

Seiten

Seite	Bedeutung	Fg.seite	Modus	Num.Typ
FIRST	erste Seite	PAGE2	INC	ARABIC
PAGE2	Folgeseiten	PAGE2	INC	ARABIC

Abbildung 6.6: Neue Folgeseite PAGE2

6.1.6 Neues Fenster – INFO2

Auf den Folgeseiten soll nur noch die Seitennummer, jedoch nicht mehr Kundennummer und Datum angezeigt werden. Da sich der Inhalt des Fensters »INFO1« ändert, wird ein neues Fenster »INFO2« benötigt.

Wechseln Sie zur Übersicht der Fenster und markieren Sie das Fenster »INFO2« mit einem Doppelklick, sodass dessen Standardattribute angezeigt werden. Nun kopieren Sie das Fenster »INFO1« in das Fenster »INFO2«, indem Sie direkt in den Standardattributen im Fenster das Wort *INFO1* mit *INFO2* überschreiben (siehe Abbildung 6.7). Bestätigen Sie Ihre Eingabe mit [↵].

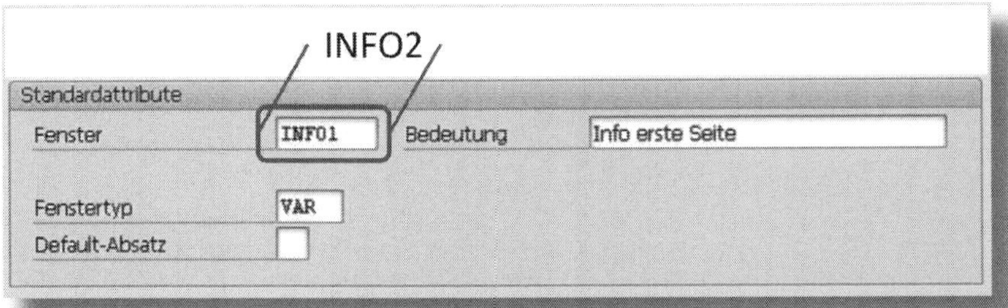

Abbildung 6.7: Kopieren eines Fensters

Entsprechend Abbildung 6.8 wird ein Pop-up geöffnet. Wählen Sie hier KOPIEREN VON FENSTER INFO1 MIT TEXTELEMENTEN aus und bestätigen Sie erneut Ihre Eingabe.

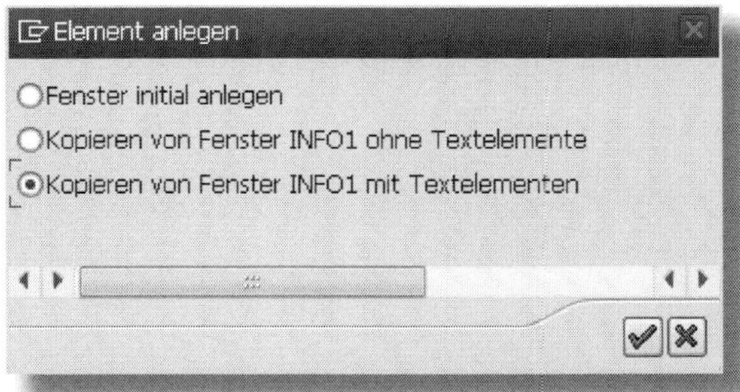

Abbildung 6.8: Element anlegen, Pop-up

Es wird das neue Fenster »INFO2« in der Fensterübersicht angezeigt. Nun müssen Sie noch die BEDEUTUNG in »Info Folgeseite« anpassen.

Der Inhalt des Fensters »INFO2« soll ebenfalls modifiziert werden. Rufen Sie dessen TEXTELEMENTE auf und löschen Sie die Zeilen mit der Kundennummer und dem Datum. Dazu markieren Sie durch Doppelklick in der Spalte FORMAT die entsprechenden Zeilen (der Editor wechselt in die Anzeige, und die markieren Zeilen werden blau dargestellt). Klicken Sie nun auf LÖSCHEN. Die Zeilen werden gelöscht, der Editor wechselt wieder in den Änderungsmodus.

6.1.7 Seitenfenster – PAGE2

Zuletzt müssen noch die Seitenfenster zur Seite »PAGE2« anpasst werden. Wechseln Sie hierfür zum Reiter SEITENFENSTER.

Es werden Ihnen die Seitenfenster zur SEITE »FIRST« angezeigt. Um zur Seite »PAGE2« zu wechseln, klicken Sie auf ANDERE SEITE. Nun werden die Seitenfenster der SEITE »PAGE2« angezeigt (siehe Abbildung 6.9).

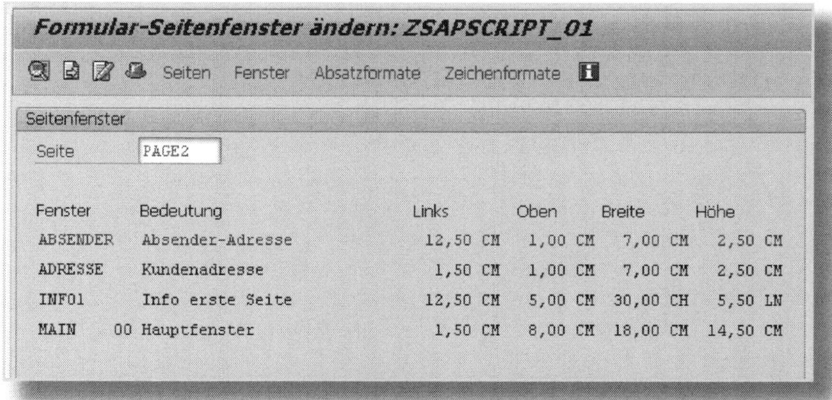

Formular-Seitenfenster ändern: ZSAPSCRIPT_01

Seiten Fenster Absatzformate Zeichenformate

Seitenfenster

Seite PAGE2

Fenster	Bedeutung	Links	Oben	Breite	Höhe
ABSENDER	Absender-Adresse	12,50 CM	1,00 CM	7,00 CM	2,50 CM
ADRESSE	Kundenadresse	1,50 CM	1,00 CM	7,00 CM	2,50 CM
INFO1	Info erste Seite	12,50 CM	5,00 CM	30,00 CH	5,50 LN
MAIN	00 Hauptfenster	1,50 CM	8,00 CM	18,00 CM	14,50 CM

Abbildung 6.9: Seitenfenster der Seite PAGE2

Wie Sie sehen, wurden alle Fenster der Seite »FIRST« komplett mit allen Positionsangaben übernommen. Da die Seite »PAGE2« ein anderes Layout bekommen soll, sind Anpassungen notwendig.

Löschen Sie die Seitenfenster INFO1 und ADRESSE, indem Sie diese durch Doppelklick markieren und den Pfad BEARBEITEN • LÖSCHEN ELEMENT wählen. Bestätigen Sie die Abfrage, ob Sie dieses Seitenfenster löschen möchten, jeweils mit Klick auf den Button JA. Fügen Sie über das Menü BEARBEITEN • ANLEGEN ELEMENT... das FENSTER »INFO2« mit folgenden Attributen hinzu:

- LINKER RAND *1,50 CM*
- FENSTERBREITE *30,00 CH* (Zeichen)
- OBERER RAND *1,00 CM*
- FENSTERHÖHE *4 LN* (Zeilen)

Ändern Sie die Attribute zum Fenster »MAIN« wie folgt:

- Oberer Rand *4,60 CM*
- Fensterhöhe *23 LN* (Zeilen)

Lassen Sie sich das Seitenlayout zur Seite »PAGE2« anzeigen (über Hilfsmittel • Seitenlayout), dieses sollte Abbildung 6.10 entsprechen.

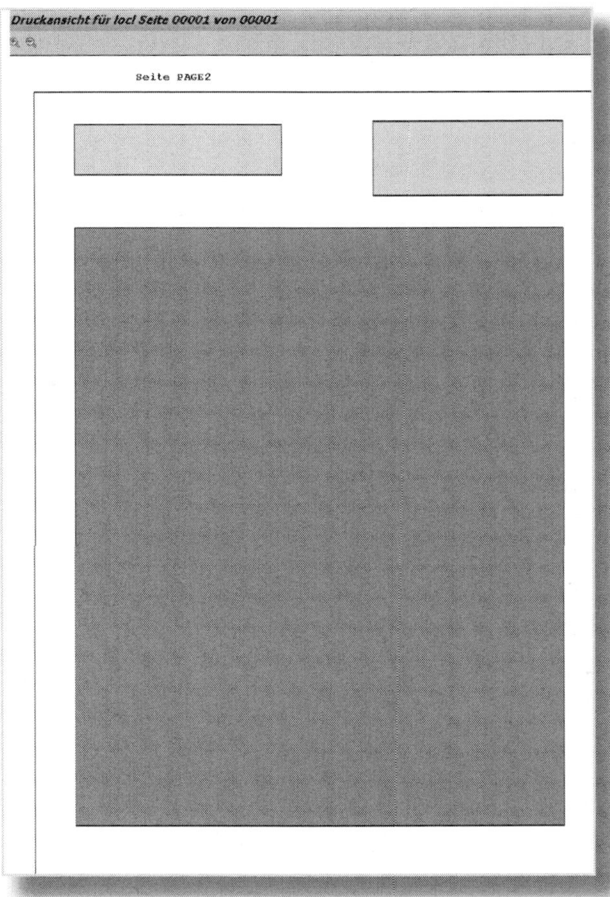

Abbildung 6.10: Seitenlayout PAGE2

Verlassen Sie das Seitenlayout und aktivieren Sie das SAPscript-Formular.

Kopieren von Elementen

Gerade in diesem Beispiel zeigt sich, wie wichtig die Reihenfolge ist, in der Sie Elemente anlegen oder kopieren. Beim Kopieren haben sie immer die Möglichkeit, alle abhängigen Eintragungen eines Elements mit zu übernehmen, dadurch können Sie viel Zeit sparen.

Wenn die erste Seite bereits komplett fertig ist und die Folgeseite ähnlich aussehen soll, ist es sinnvoll, diese mit allen Seitenfenstern

zu kopieren und erst dann die notwendigen Anpassungen durchzuführen. Wenn die Folgeseite ein komplett anderes Layout hat, ist es einfacher, die Seite neu anzulegen und die Fenster manuell zu platzieren.

6.2 Druckprogramm – ohne Anpassungen

Im SAPscript-Formular wurden zwei neue Fenster mit Default-Textelement angelegt und alle notwendigen Symbole sind bereits vorhanden. Entsprechend ist keine Anpassung am Druckprogramm notwendig.

Rufen Sie das Druckprogramm auf (Transaktion *SE38*) und führen Sie es aus (F8). Abhängig von der Anzahl der Materialien werden pro Kunde eine oder mehrere Seiten ausgegeben (siehe Abbildung 6.11):

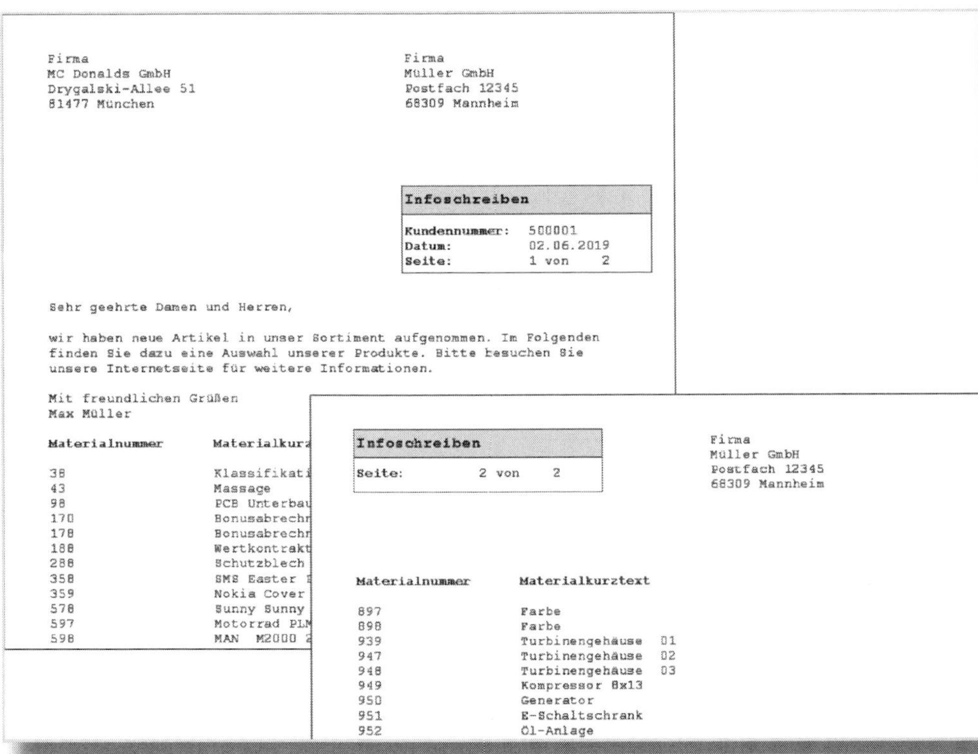

Firma
MC Donalds GmbH
Drygalski-Allee 51
81477 München

Firma
Müller GmbH
Postfach 12345
68309 Mannheim

Infoschreiben

Kundennummer:	500001
Datum:	02.06.2019
Seite:	1 von 2

Sehr geehrte Damen und Herren,

wir haben neue Artikel in unser Sortiment aufgenommen. Im Folgenden finden Sie dazu eine Auswahl unserer Produkte. Bitte besuchen Sie unsere Internetseite für weitere Informationen.

Mit freundlichen Grüßen
Max Müller

Materialnummer	**Materialkurz**
38	Klassifikati
43	Massage
98	PCB Unterbau
170	Bonusabrechn
178	Bonusabrechn
188	Wertkontrakt
288	Schutzblech
358	SMS Easter
359	Nokia Cover
578	Sunny Sunny
597	Motorrad PLM
598	MAN M2000

Infoschreiben

Seite:	2 von 2

Firma
Müller GmbH
Postfach 12345
68309 Mannheim

Materialnummer	**Materialkurztext**
897	Farbe
898	Farbe
939	Turbinengehäuse 01
947	Turbinengehäuse 02
948	Turbinengehäuse 03
949	Kompressor 8x13
950	Generator
951	E-Schaltschrank
952	Öl-Anlage

Abbildung 6.11: Ausgabe Infoschreiben Seiten 1 und 2

6.3 SAPscript im Detail

Sie haben nun gesehen, wie Sie

- Rahmen und Schattierungen einbauen,
- verschiedene Maßeinheiten verwenden und wie
- unterschiedliche Seiten gestaltet werden.

In den folgenden Abschnitten werde ich Ihnen zu diesen Punkten noch einige Details und Besonderheiten erläutern.

6.3.1 Steuerkommandos BOX, POSITION, SIZE

In vielen SAPscript-Formularen werden Linien, Rahmen und Schattierungen verwendet, um Einzelheiten hervorzuheben, die Seiten zu strukturieren oder das Layout ansprechender zu gestalten. Im Fenster INFO1 habe Sie zur Erzeugung des Rahmens und der Schattierung folgende Steuerkommandos eingefügt:

```
/:  POSITION XORIGIN -1 MM YORIGIN -1 MM
/:  SIZE WIDTH +1 MM HEIGHT +1 MM
/:  BOX FRAME 10 TW
/:  BOX HEIGHT 8 MM FRAME 10 TW INTENSITY 10
```

Hierbei handelt es sich um drei Steuerkommandos mit weiteren Parametern:

- `BOX` zeichnet eine Box mit Rahmen/Schattierung.
- `POSITION` legt die Position des Rahmens fest.
- `SIZE` bezieht sich auf die Größe des Rahmens.

BOX

Das Steuerkommando *BOX* zeichnet eine solche. Es können Position, Größe, Rahmendicke und Schattierung über diverse Parameter eingestellt werden.

```
/: BOX [XPOS] [YPOS] [WIDTH] [HEIGHT] [FRAME] [INTENSITY]
```

Die Box wird um das Fenster gezeichnet, in dem dieses Steuerkommando aufgerufen wird. Sie beginnt in dessen oberer linker Ecke und hat die gleiche Breite und Höhe wie das Fenster.

Mit den Parametern »XPOS« und »YPOS« lässt sich die Position der Box verschieben. Diese Werte werden auf die obere linke Ecke des Fensters hinzugerechnet, es handelt sich somit um die Abweichung zum Fenster. Auch negative Werte sind möglich.

Mit »WIDTH« und »HIGHT« können Breite und Höhe der Box angepasst werden. Hier werden die Absolutwerte eingetragen.

»FRAME« definiert die Rahmendicke um die Box. Wird hier der Wert »0« angegeben bzw. der Parameter weggelassen, so wird kein Rahmen gezeichnet.

Die Schattierung der Box wird mit »INTENSIFIED« und einer Prozentzahl angegeben. Wird der Parameter mit »0« übergeben oder weggelassen, wird die Box nicht schattiert. Eine Schattierung von 100 % entspricht einer schwarzen Box.

Bei allen Parametern ist eine Maßangabe mit Einheit notwendig, einzig INTENSIFIED wird ohne Einheit angegeben. Sollten Sie für die Maße Dezimalangaben machen, dann müssen diese in Hochkomma gesetzt und der Punkt als Dezimalzeichen verwendet werden.

POSITON

Als Ausgangspunkt für das Steuerkommando »BOX« wird die obere linke Ecke des Fensters verwendet, in dem der Aufruf erfolgt. Dieser Punkt kann auch mit dem Steuerkommando »POSITION« verändert werden.

```
/: POSITION [XORIGIN] [YORIGIN] [WINDOW] [PAGE]
```

Sie können sich eine Seite wie ein Koordinatensystem vorstellen. Die obere linke Ecke der Seite ist »0/0«. In unserem Beispiel beginnt das Fenster INFO1 auf den Koordinaten X = 12,5 CM und Y = 5 CM. Somit beginnt die Box im Fenster »INFO« bei denselben Werten.

Mit »XORIGIN« und »YORIGIN« kann der Ausgangspunkt der Box verändert werden. Werden hier absolute Werte (also solche ohne Vorzeichen) übergeben, gelten diese als neuer Startpunkt für das BOX-Kommando. Werden relative Werte übergeben, werden diese den bisherigen Werten hinzugerechnet – auch hier sind negative Angaben möglich.

In unserem Beispiel in Abschnitt 6.1.2 hatten wir angegeben:

```
/:     POSITION XORIGIN -1 MM YORIGIN -1 MM
```

Somit ändern sich die Startkoordinaten der Box auf: X = 12,4 CM und Y = 4,9 CM.

Diese minimale Anpassung wurde gemacht, damit der Rahmen nicht an den ersten Zeichen im Fenster anliegend gedruckt wird, sondern mit einem kleinen Abstand von einem Millimeter.

Möchten Sie die Startkoordinaten wieder zurück auf das Fenster setzen, programmieren Sie:

```
/: POSITION WINDOW
```

Sie können auch die Koordinaten auf den Seitenanfang, also »0/0« setzen – mit der Eingabe:

```
/: POSITION PAGE
```

SIZE

Eine Box hat als Standardbreite und -höhe die Angaben des Fensters, in dem das Steuerkommando aufgerufen wird. Mit *SIZE* können Sie diese Einstellungen überschreiben.

```
/: SIZE [WIDTH] [HEIGHT] [WINDOW] [PAGE]
```

Geben Sie mit den Parametern »WIDTH« und »HEIGHT« eine Abweichung zu den bisherigen Werten an (mit Vorzeichen) oder übergeben Sie Absolutwerte zur Verwendung für die Box.

Um Breite und Höhe auf die Werte des aktuellen Fensters zurückzustellen, können Sie den Parameter »WINDOW« verwenden:

```
/: SIZE WINDOW
```

Mit dem Parameter »PAGE« werden die Einstellungen für Breite und Höhe von der geöffneten Seite übernommen:

```
/: SIZE PAGE
```

Beispiel

Hier zum besseren Verständnis eine Übersetzung der Steuerkommandos aus unserem Beispiel. Aufgerufen werden die Steuerkommandos im Fenster »INFO1«. Dieses hat folgende Attribute:

- Linker Rand = *X = 12,5 CM*
- Oberer Rand = *Y = 5 CM*
- Breite = *30 CH ~ 7,62 CM*
- Höhe = *5,5 LN ~ 2,33 CM*

Der Startpunkt sowie Breite und Höhe werden verändert, damit der Rahmen nicht die ersten und letzten Textzeichen des Fensters überschreibt.

```
/:    POSITION XORIGIN -1 MM YORIGIN -1 MM
```

⇨ X = 12,4 CM, Y = 4,9 CM,

```
/:    SIZE WIDTH +1 MM HEIGHT +1 MM
```

⇨ Breite = 7,63 CM, Höhe = 2,34 CM.

Nun wird eine Box mit einer Rahmendicke von zehn Twip (TW, Berechnung siehe Tabelle 6.1) gezeichnet:

```
/:    BOX FRAME 10 TW
```

Eine zweite Box wird für die Schattierung der Überschrift benötigt. Diese ist nur acht Millimeter hoch, hat eine Rahmendicke von zehn Twip und eine Schattierung von 10 %:

```
/:    BOX HEIGHT 8 MM FRAME 10 TW INTENSITY 10
```

In Abbildung 6.12 sehen Sie noch einmal das Ergebnis dazu:

```
Infoschreiben

Kundennummer:   500001
Datum:  03.09.2019
Seite:  1 von 1
```

Abbildung 6.12: Rahmen mit Schattierung

6.3.2 Maßeinheiten

Im gesamten SAPscript-Formular tauchen immer wieder Maßeinheiten auf – angefangen mit den Schriftgrößen, Tabulatoren, Koordinaten und Größe von Seitenfenstern bis hin zu Einstellungen für Rahmen und Schattierungen. In der folgenden Tabelle 6.1 gebe ich Ihnen eine Übersicht der möglichen Maßeinheiten mit entsprechender Umrechnung.

Maßeinheit	Bezeichnung	Umrechnung
TW	Twip	1 TW = 1/20 PT
PT	Punkt	1 PT = 1/72 IN
IN	Zoll	1 IN = 2,54 CM
CM	Zentimeter	1 CM = 10 MM
MM	Millimeter	1 MM = 0,1 CM
LN	Zeile	1 LN = Zeilenhöhe, bezogen auf LPI-Angabe im Formularkopf
CH	Zeichen	1 CH = Zeichenhöhe, bezogen auf CPI-Angabe im Formularkopf

Tabelle 6.1: Berechnung der Maßeinheiten

Sie können im SAPscript-Formular jede der oben genannten Maßeinheiten verwenden. Somit könnte es ein, dass Sie zum Beispiel ein Seitenfenster wie folgt anlegen:

- Linker Rand *15 MM*
- Oberer Rand *8 CM*
- Fensterbreite *20 CH*
- Fensterhöhe *4 LN*

Jede der Einstellungen hat eine andere Maßeinheit erhalten. Falls Sie die Maßeinheiten einheitlich haben möchten, können Sie dies über das Menü Hilfsmittel • Umsetzen Masseinheiten einstellen und wählen die gewünschte Maßeinheit aus, zum Beispiel in Zentimeter. Nun werden die Einstellungen in die gewählte Einheit umgerechnet:

- Linker Rand *1,5 CM*
- Oberer Rand *8 CM*
- Fensterbreite *5,08 CM*
- Fensterhöhe *1,69 CM*

Diese Umsetzung der Maßeinheiten können Sie verwenden für:

- Seitenfenster,
- Absatzformate und
- Zeichenformate.

Es werden alle Maßeinheiten der angezeigten Objekte umgesetzt. Bitte beachten Sie, dass es bei einem Umrechnen auch immer wieder zu *Rundungsdifferenzen* kommen kann.

Lineale

Es gibt Lineale, die verschiedene Maßeinheiten anzeigen. Das ist beim Anpassen und Überarbeiten von SAPscript-Formularen sehr hilfreich. Sie können einfach ausmessen, wohin ein Seitenfenster oder ein Tabulator gesetzt werden soll und die Maße in der entsprechenden Maßeinheit im SAPscript-Formular pflegen.

6.3.3 Seiten

Viele Dokumente haben mehr als eine Seite und diese unterscheiden sich meist auch hinsichtlich des Layouts. Oft reichen die Standardeinstellungen, die im SAPscript-Formular bzgl. der Seitengestaltung vorhanden sind.

Dennoch gibt es manche Anforderungen, welche die Anlage weiterer Seiten notwendig machen. Im Folgenden erläutere ich Ihnen an einigen Beispielen, welche weiteren Möglichkeiten Sie nutzen können, um Seiten aufzurufen.

Erste Seite + Folgeseite

1. Sie legen zwei Seiten: FIRST und PAGE an.
2. Die erste Seite FIRST hat als Folgeseite PAGE2.
3. PAGE2 hat sich selbst als Folgeseite.
4. In den Grundeinstellungen hinterlegen Sie FIRST als erste Seite.

Der Seitenwechsel erfolgt automatisch, wenn das Hauptfenster »MAIN« gefüllt ist und weiterer Text ausgegeben werden soll.

Steuerkommando NEW-PAGE

Wenn Sie den Seitenwechsel nicht automatisch dem System überlassen wollen, können Sie einen *unbedingten Seitenwechsel* mit dem Steuerkommando *NEW-PAGE* realisieren. Dieses führt einen Seitenumbruch aus, und die Folgeseite der aktuellen wird angestoßen.

Sie können beispielsweise einen unbedingten Seitenwechsel nutzen, um nach der Ausgabe von Kopfdaten die Daten der Positionen auf einer neuen Seite auszugeben, auch wenn die Kopfdaten die erste Seite noch nicht komplett füllen.

Eine weitere Einsatzmöglichkeit von NEW-PAGE bietet sich für das Aufrufen einer expliziten Seite. Soll zum Beispiel am Ende eines Dokuments eine zusätzliche Seite mit den »Allgemeinen Geschäftsbedingungen« (benannt mit »AGB«) gedruckt werden, dann:

1. Legen Sie eine neue Seite AGB an.
2. Tragen Sie AGB als Folgeseite ein, damit diese auf sich selbst verweist..
3. Rufen Sie die Seite AGB mit dem Steuerkommando NEW-PAGE auf.

Durch die Angabe einer Seite im Steuerkommando wird diese anstelle der automatischen Folgeseite aufgerufen.

```
/: NEW-PAGE [seitenname]
```

Wie bei allen Steuerkommandos können Sie »NEW-PAGE« sowohl im SAPscript-Formular als auch über den Funktionsbaustein CONTROL_FORM im Druckprogramm aufrufen.

```
CALL FUNCTION 'CONTROL_FORM'
  EXPORTING
    command = 'NEW-PAGE [seitenname]'.
```

Steuerkommando NEW-WINDOW

In den meisten Fällen ist auf einer Seite ein einziges Fenster vom Typ »MAIN« ausreichend. Es gibt jedoch immer wieder die Anforderung einer *Mehrspalten-Ausgabe* oder gar eines *Etikettendrucks*.

Sie können pro Seite bis zu 99 Seitenfenster vom Typ »MAIN« einfügen. Jedes Seitenfenster erhält eine fortlaufende Nummer, in deren Reihenfolge diese auch ausgegeben werden. Ist das letzte MAIN-Fenster einer Seite erreicht, dann erfolgt ein automatischer Seitenumbruch und die Folgeseite wird ausgegeben.

Um einen expliziten MAIN-Fensterwechsel aufzurufen, können Sie das Steuerkommando NEW-WINDOW verwenden. Es wird das nachfolgende MAIN-Fenster aufgerufen. Wird gerade das letzte MAIN-Fenster der Seite ausgegeben, verhält sich das Steuerkommando wie NEW-PAGE und es wird ein expliziter Seitenwechsel angestoßen.

```
/: NEW-WINDOW
```

Funktionsbaustein START_FORM

Die erste Seite eines Dokuments wird in den Grundeinstellungen eines SAPscript-Formulars festgelegt. Wenn diese jedoch dynamisch aufgerufen werden soll, können Sie das nur mit dem Funktionsbaustein START_FORM im Druckprogramm realisieren.

Ein Wechsel der ersten Seite kann zum Beispiel aufgrund unterschiedlicher Fensterumschläge notwendig sein: In Deutschland beispielsweise befindet sich das Adressfenster links und in Frankreich rechts. Somit können Sie in Abhängigkeit zum Absenderland die erste Seite über den Funktionsbaustein START_FORM setzen. Sie legen an:

1. zwei Fenster FIRST_FR und FIRST_DE;
2. eines davon wird als erstes Fenster in den Grundeinstellungen hinterlegt;
3. aufgerufen wird die erste Seite im Druckprogramm direkt nach dem OPEN_FORM, wie in Listing 6.1 zu sehen.

```
IF gv_land EQ 'DE'.
  CALL FUNCTION 'START_FORM'
    EXPORTING
      startpage = 'FIRST_DE'.
ELSE.
  CALL FUNCTION 'START_FORM'
    EXPORTING
      startpage = 'FIRST_FR'.
ENDIF.
```

Listing 6.1: Aufruf unterschiedlicher Start-Seiten aus dem Druckprogramm

Druckerschacht steuern

Bei modernen Druckern gibt es häufig unterschiedliche Papierschächte, in denen verschiedene Papiersorten liegen, zum Beispiel:

- Blankopapier
- Papier mit Briefkopf
- farbiges Papier

Pro Seite können Sie im SAPscript-Formular vorgeben, welcher Schacht angesteuert werden soll, beispielsweise:

- *TRY01*: erster Schacht
- *TRY02*: zweiter Schacht
- *TRY03*: dritter Schacht etc.

Zusätzlich können Sie den Druckmodus angegeben:

- S – Simplex-Modus (einseitiges Drucken)
- D – Duplex-Modus (beidseitig)
- T – Tumble-Duplex-Modus (beidseitig umgekehrt)

Sehen Sie sich Abbildung 6.13 an: Hier wird für die Seite »PAGE2« der Druckerschacht »TRY02« angesprochen, der Ausdruck soll im Duplex-Modus erfolgen.

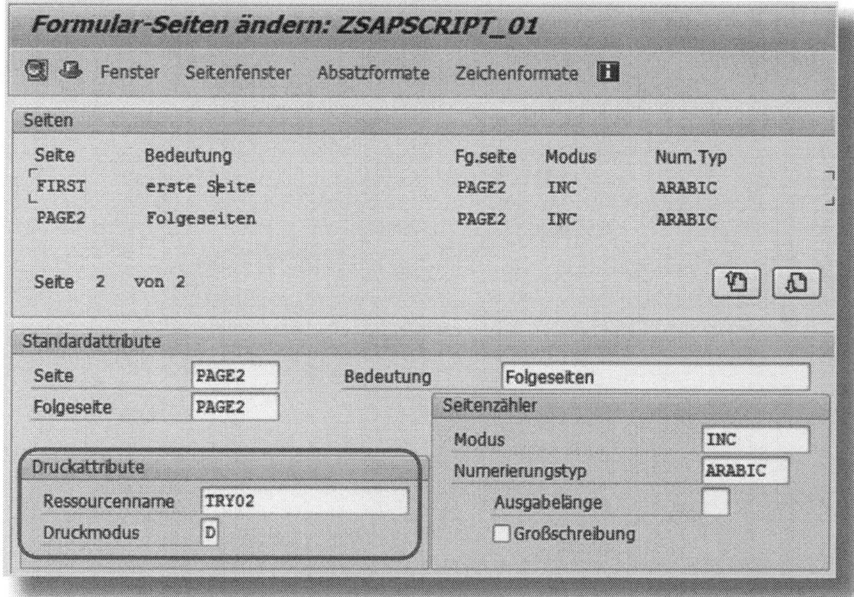

Abbildung 6.13: Druckerschachtsteuerung

6.4 Kurzquiz zur Lernkontrolle

1. Um mit dem Steuerkommando BOX eine Schattierung auf einem Formular auszugeben, nutzen Sie den Parameter
   a) FRAME,
   b) INTENSITY oder
   c) SHADOW.

2. Die Druckerschächte für die Ausgabe
   a) stellen Sie pro Seite eines Formulars in den Druckattributen ein,
   b) rufen Sie mit dem Druckprogramm direkt auf oder
   c) können im Online-Druckdialog benutzerspezifisch hinterlegt werden.

3. Einen unbedingten Seitenwechsel steuern Sie über das Steuerkommando

   a) CHANGE-PAGE,

   b) NEW-PAGE oder

   c) NEXT-PAGE.

Antworten siehe Anhang: »Lösungen Kurzquiz«.

7 Übersetzung und Langtexte

Viele Unternehmen sind international ausgerichtet; somit ist die Ausgabe eines Dokuments (zum Beispiel einer Auftragsbestätigung) ausschließlich in deutscher Sprache nicht mehr zeitgemäß.

Entsprechend werden wir für unser Beispiel das Kundenanschreiben ins Englische übersetzen. Zusätzlich übertragen wir den Text im Anschreiben in einen Standardtext, damit dieser vom Anwender direkt gepflegt werden kann. Als weitere Information für den Kunden wird zu jedem Material der jeweilige Grunddatentext aus dem Materialstamm ausgegeben (wenn vorhanden). Sie benötigen zum Testen

- Kundennummern sowie
- Materialnummern, bei denen der Grunddatentext in den Sprachen DE und EN gepflegt ist.

Mehrere Sprachen und Standardtexte

Die Anpassungen des SAPscript-Formulars sowie des Druckprogramms verdeutliche ich Ihnen in folgendem Video:

http://sapscript05.espresso-tutorials.com.

7.1 Standardtext anlegen mit SO10

Den Text, der am Anfang des Fensters »MAIN« ausgegeben wird, übernehmen Sie in einen *Standardtext*. Dessen Pflege ist somit aus dem SAPscript ausgelagert und er kann dort theoretisch von jedem Anwender angepasst werden.

Zur Pflege der Standardtexte gelangen Sie über die Transaktion *SO10* oder über den Pfad Werkzeuge • Formulardruck • SAPscript • Standardtext. Im Einstiegsbild (siehe Abbildung 7.1) tragen Sie

- als Textnamen *ZSAPSCRIPT_01_TEXT*,
- als Text-ID *ST* und
- als Sprache *DE* ein.

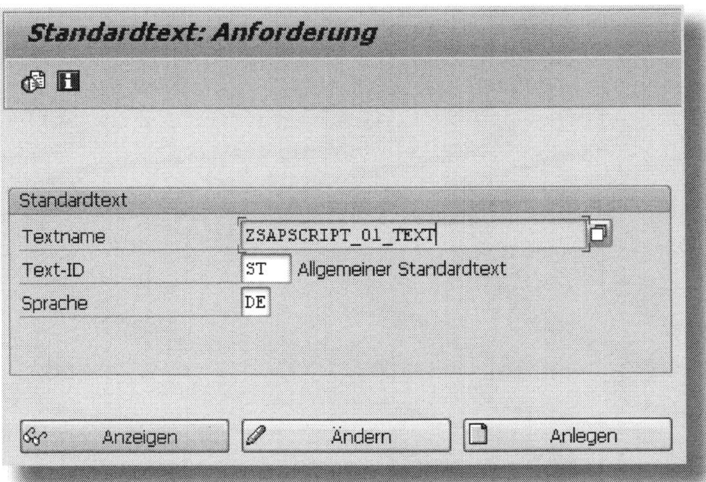

Abbildung 7.1: Standardtexte pflegen

Mit Klick auf den Button Anlegen öffnet sich der Texteditor (siehe Abbildung 7.2).

Abbildung 7.2: Texteditor, Standardtext

Nun können Sie den gewünschten Text in den Texteditor eintippen oder wie folgt aus dem SAPscript-Formular kopieren:

1. Erzeugen Sie einen neuen SAP-Modus über das Menü SYSTEM • ERZEUGEN MODUS oder über die Tastenkombination [Strg] + [N]. Ein neues SAP-Fenster wird geöffnet.

2. Rufen Sie das FORMULAR »ZSAPSCRIPT_01« mit den Form Painter (Transaktion *SE71*) auf und lassen Sie sich die TEXTELEMENTE des MAIN-Fensters anzeigen.

3. Markieren Sie die entsprechenden Zeilen, indem Sie in der jeweils ersten und letzten in der FORMATSPALTE doppelklicken. Die markierten Zeilen werden blau dargestellt (siehe Abbildung 7.3).

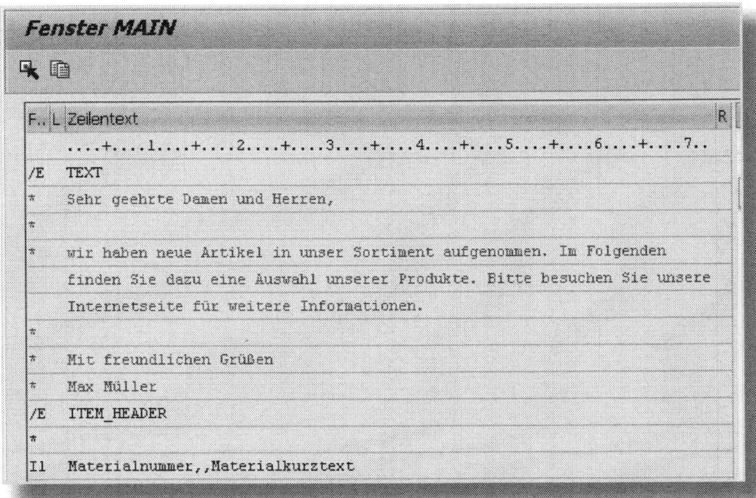

Abbildung 7.3: Markierte Zeilen in Fenster MAIN

4. Klicken Sie auf KOPIEREN [F6]. Der markierte Text wird in die Zwischenablage kopiert, und die zuvor markierten Zeilen werden wieder schwarz dargestellt.

5. Wechseln Sie nun zurück in das Fenster mit den Standardtexten. Setzen Sie den Cursor in die erste Zeile und drücken Sie den Button EINSETZEN [F9]. Der Inhalt der Zwischenablage wird an der Cursorposition eingesetzt.

Nach dem Eintippen bzw. Kopieren des Textes sollte der Texteditor wie in Abbildung 7.4 aussehen. Speichern Sie die Texteingabe durch Klicken auf den Button SICHERN.

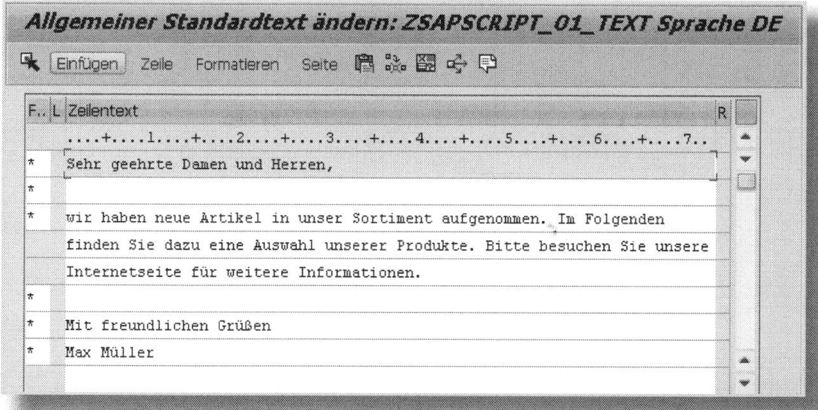

Abbildung 7.4: Standardtext

Nun müssen noch die Übersetzungen ins Englische vorgenommen werden. Dazu gehen Sie mit Klick auf den grünen Pfeil (oder Taste F3) auf das Einstiegsbild für Standardtexte zurück und ändern die SPRACHE, indem Sie »EN« auswählen. Legen Sie den neuen Text mithilfe des Buttons ANLEGEN an. Der Texteditor öffnet sich und Sie übernehmen folgende Zeilen:

```
*    Dear Ladies and Gentlemen,
*
*    We have added new products to our assortment. in
     the following you will find a selection of our
     products. Please visit our Website for more
     information.
*
*    Sincerely yours
*    Max Müller
```

Sichern Sie den Text.

Nun haben Sie den Standardtext ZSAPSCRIPT_01_TEXT zur Text-ID »ST« in den Sprachen Deutsch und Englisch angelegt und können ihn in Ihrem SAPscript-Formular verwenden.

7.2 SAPscript, Texte und Sprachen

Rufen Sie den Form Painter (Transaktion *SE71*) zum Anpassen des SAPscript-Formulars ZSAPSCRIPT_01 auf. Sie müssen folgende Änderungen daran vornehmen:

- den Text durch den gerade angelegten Standardtext ZSAPSCRIPT_01_TEXT im Fenster »MAIN« ersetzen,
- den Grunddatentext aus dem Materialstamm pro Position in Fenster »MAIN« aufnehmen und
- das SAPscript-Formular in die englische Sprache übersetzen.

7.2.1 Standardtext einbinden

Rufen Sie die Textelemente des Fensters »MAIN« auf. Klicken Sie in den Zeilentext der Textelementzeile hinter das Wort »TEXT«. Abbildung 7.5 zeigt, dass der Cursor nun hinter TEXT steht und die Zeile gelb hervorgehoben ist.

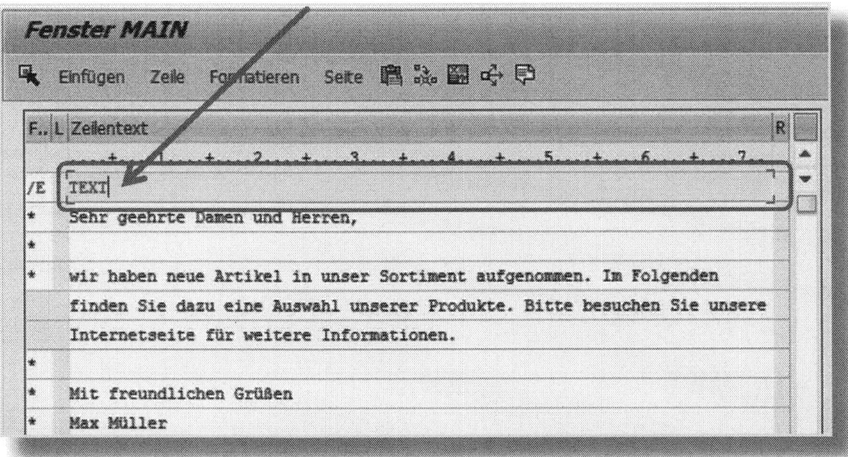

Abbildung 7.5: Standardtext in Fenster MAIN

Wählen Sie im Menü den Eintrag Einfügen • Text • Standard aus. Im sich öffnenden Pop-up tragen Sie

- den Textnamen *ZSAPSCRIPT_01_TEXT* Ihres gerade angelegten Standardtextes und
- die Text-ID *ST* ein,
- das Feld Sprache bleibt leer,

und klicken auf den grünen Haken (siehe Abbildung 7.6).

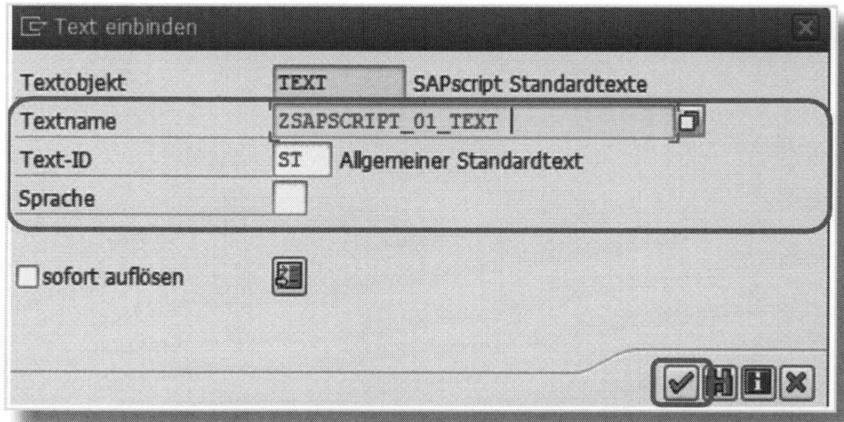

Abbildung 7.6: Einbinden des Standardtextes

Das System hat eine neue Zeile, hier im Text **fett** dargestellt, mit dem Steuerkommando »INCLUDE« in die Textelemente eingefügt.

```
/E    TEXT
/:    INCLUDE ZSAPSCRIPT_01_TEXT OBJECT TEXT ID ST
*     Sehr geehrte Damen und Herren,
```

Das Steuerkommando INCLUDE kopiert zum Zeitpunkt der Ausgabe den aktuellen Text aus dem Standardtext und fügt ihn an dieser Stelle ein.

7.2.2 Zeilen auskommentieren/löschen

Der gesamte sich anschließende Text wird somit nicht mehr benötigt und kann *auskommentiert* werden. Er wird also vorübergehend gelöscht, kann jedoch später wieder eingesetzt werden. Dazu markieren Sie alle überflüssigen Zeilen, indem Sie in der entsprechenden ersten Zeile in die Formatspalte doppelklicken und genauso in der letzten Zeile verfahren. Die überflüssigen Zeilen werden nun blau markiert.

Wählen Sie im Menü Format • Zeile und im sich nachfolgend öffnenden Pop-up die »/*«-Kommentarzeile mit einem Doppelklick aus.

In jeder markierten Zeile ist nun ein »/*« in der Formatspalte eingetragen, wodurch sie eine Kommentarzeile ist, die bei der Ausgabe nicht berücksichtigt wird.

Da der Text nicht gebraucht wird, können Sie diesen auch löschen. Dazu markieren Sie ihn wie gerade beschrieben und klicken auf Löschen in der Buttonleiste. Alle markieren Zeilen werden aus den Textelementen entfernt.

7.2.3 Grunddatentext einbinden

Damit der Grunddatentext eingerückt unter dem Materialtext ausgegeben wird, legen Sie vorher ein neues Absatzformat an:

- Absatz *IT*
- Bedeutung *Item - Text*
- linker Rand *20 CH*

Um den Grunddatentext im SAPscript-Formular einzubinden, benötigen Sie folgende Schlüsselinformationen:

- Textname = Materialnummer mit führenden Nullen
- Text-ID = GRUN
- Textobjekt = MATERIAL

Das Einbinden von Texten über das Menü ist nur für Standardtexte mit Textobjekt »TEXT« möglich. Der Grunddatentext gehört zu den Textobjekten »MATERIAL«. Entsprechend müssen Sie den Grunddatentext von Hand einbinden.

Da der Grunddatentext nach der jeweiligen Materialzeile ausgegeben werden soll, erweitern Sie das Textelement /E ITEM_LINE mit dem Steuerkommando INCLUDE wie folgt (**fett** markierte Zeile):

```
/E    ITEM_LINE
I2    &GS_MAKT-MATNR&,,&GS_MAKT-MAKTX&
/:    INCLUDE &Z_MATNR& OBJECT MATERIAL ID GRUN NEW-PARAGRAPH IT
```

Achtung bei der Eingabe

Auch hier gilt wieder: Ein Steuerkommando muss immer komplett in eine Zeile geschrieben werden. Im E-Book werden solche Zeilen, je nach gewählter Schriftart und -größe, evtl. automatisch umbrochen.

Sie können im Zeileneditor nach links und rechts blättern: über das Menü Bearbeiten • Seite links/rechts, die rechte Maustaste Seite links/rechts oder die Tastenkombination [⇧] + [F8].

7.2.4 Unterprogramme aus SAPscript-Formular aufrufen

Für die Ausgabe des Grunddatentextes benötigen Sie die Materialnummer mit führenden Nullen. Das bereits vorhandene Symbol »&GS_MAKT-MATNR&« enthält zwar die Materialnummer, leider werden jedoch die führenden Nullen nicht mitgegeben. Nun haben Sie zwei Möglichkeiten:

1. Definieren Sie ein neues Feld im Druckprogramm und füllen Sie es entsprechend.

2. Legen Sie ein Feld als Textsymbol mit »DEFINE« im SAPscript an und füllen Sie dieses über einen externen »PERFORM«.

Der Weg über das Druckprogramm ist für solche Fragestellungen die erste Wahl. Es gibt jedoch immer wieder den Fall, dass mit einem SAP-Druckprogramm gearbeitet wird, das nicht geändert werden darf. Wenn nun zusätzliche Daten benötigt werden, ist dies nur über einen externen *PERFORM-Aufruf* aus dem SAPscript-Formular heraus möglich.

In diesem Beispiel zeige ich Ihnen den etwas komplizierteren Weg über den externen PERFORM. Passen Sie dazu das Textelement »/E ITEM_LINE« wie folgt an:

```
/E      ITEM_LINE
I2      &GS_MAKT-MATNR&,,&GS_MAKT-MAKTX&
/:      DEFINE &Z_MATNR& = &GS_MAKT-MATNR&
/:      PERFORM FILL_MATNR IN PROGRAM ZSAPSCRIPT_01
/:      USING &Z_MATNR&
/:      CHANGING &Z_MATNR&
/:      ENDPERFORM
/:      INCLUDE &Z_MATNR& OBJECT MATERIAL ID GRUN NEW-PARAGRAPH IT
```

In das Druckprogramm ZSAPSCRIPT_01 müssen Sie am Ende noch das in Listing 7.1 gezeigte Unterprogramm übernehmen (Transaktion *SE38*):

```
FORM fill_matnr TABLES in_tab STRUCTURE itcsy
                       out_tab STRUCTURE itcsy.

  DATA: lv_matnr TYPE matnr,
        lv_tabix TYPE sytabix.

* Informationen aus USING lesen
  READ TABLE in_tab WITH KEY 'Z_MATNR'.
  CHECK sy-subrc = 0.
```

```
* Materialnummer mit führenden Nullen umsetzen
  lv_matnr = in_tab-value.
  SHIFT lv_matnr RIGHT DELETING TRAILING space.
  OVERLAY lv_matnr WITH '000000000000000000'.

* Informationen für CHANGING lesen
  READ TABLE out_tab WITH KEY 'Z_MATNR'.
  CHECK sy-subrc = 0.
  lv_tabix = sy-tabix.

* Materialnummer mit führenden Nullen zurückschreiben
  out_tab-value = lv_matnr.
  MODIFY out_tab INDEX lv_tabix.

ENDFORM.
```

Listing 7.1: Unterprogramm für den Aufruf aus SAPscript

7.2.5 Direkte Übersetzung ins Englische

Alle Anpassungen am SAPscript-Formular sind umgesetzt, es fehlt noch die Übersetzung ins Englische. Wechseln Sie dazu in die Kopfdaten Ihres SAPscript-Formulars und sehen Sie sich die Sprachattribute dazu an. Hier ist hinterlegt,

- welche Sprache das angezeigte SAPscript-Formular und
- welche *Originalsprache* das SAPscript-Formular haben sowie
- in welche Sprachen das SAPscript-Formular übersetzt werden soll.

Wählen Sie hier in einzelnen Sprachen aus und klicken Sie danach auf den Button mit dem Pfeil. In dem sich öffnenden Pop-up wählen Sie »EN« für Englisch aus (siehe Abbildung 7.7).

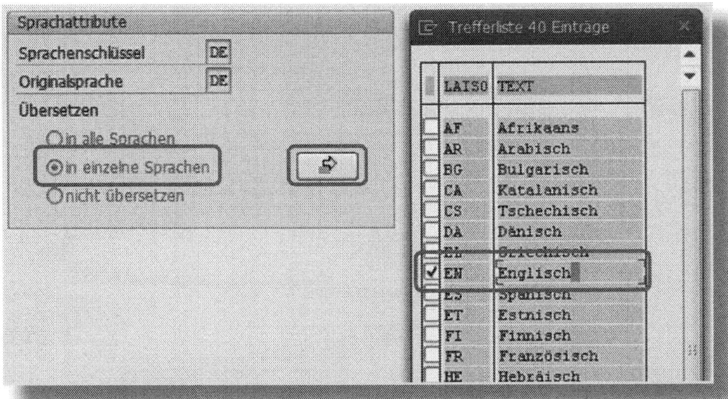

Abbildung 7.7: Sprachattribute

Aktivieren Sie das SAPscript-Formular und wechseln Sie auf das Einstiegsbild des Form Painter. Tragen Sie als SPRACHE *EN* ein und wählen Sie KOPF als TEILOBJEKT aus (siehe Abbildung 7.8). Klicken Sie dann auf ÄNDERN.

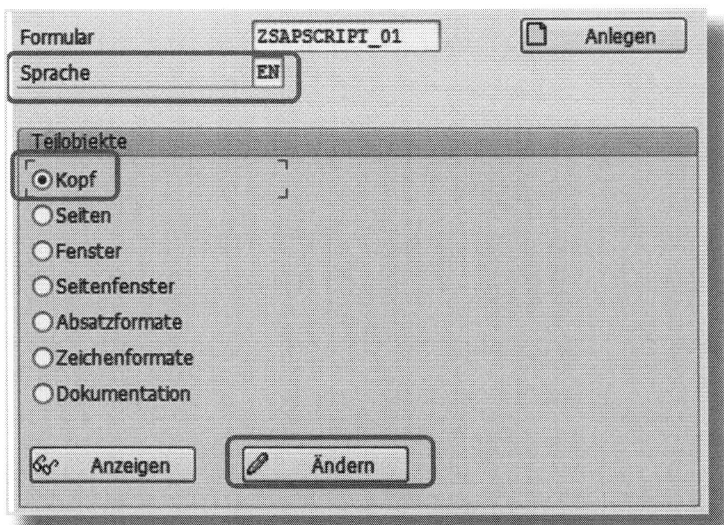

Abbildung 7.8: Form-Painter-Sprache EN

Der SAPscript-Formularkopf öffnet sich

- mit der Infomeldung: »Formular ZSAPSCRIPT_01 hat Originalsprache DE«.
- Der Status ist gesetzt auf »übersetzt – gesichert« und
- als Sprachenschlüssel ist »EN« angegeben.

Sie müssen nun in den Textelementen die notwendigen Übersetzungen machen. Steuerkommandos, Symbole und Kommentarzeilen dürfen nicht übersetzt werden.

Wechseln Sie in die Übersicht der Fenster und schauen Sie sich die entsprechenden Textelemente an. Die deutschen Texte wurden hier hineinkopiert und können nun angepasst werden.

ABSENDER

Hier haben Sie die Absenderadresse eingetragen, diese ist auch im Englischen gültig und es ist keine Anpassung notwendig.

ADRESSE

Die Kundenadresse wird automatisch mithilfe des Steuerkommandos ADDRESS aufbereitet. Steuerkommandos benötigen keine Übersetzung.

INFO1

```
/*      Definition des Rahmens und der Schattierung
/:      POSITION XORIGIN -1 MM YORIGIN -1 MM
/:      SIZE WIDTH +1 MM HEIGHT +1 MM
/:      BOX FRAME 10 TW
/:      BOX HEIGHT 8 MM FRAME 10 TW INTENSITY 10
/*      Inhalt des Fensters
X1      Newsletter
*
```

```
X2      <F>Customer no:</>,,&GS_KNA1-KUNNR&
X2      <F>Date:</>,,&DATE&
X2      <F>Page:</>,,&PAGE& of &SAPSCRIPT-FORMPAGES&
```

INFO2

```
/*      Definition des Rahmens und der Schattierung
/:      POSITION XORIGIN -1 MM YORIGIN -1 MM
/:      SIZE WIDTH +1 MM HEIGHT +1 MM
/:      BOX FRAME 10 TW
/:      BOX HEIGHT 8 MM FRAME 10 TW INTENSITY 10
/*      Inhalt des Fensters
X1      Newsletter
*
X2      <F>Page:</>,,&PAGE& of &SAPSCRIPT-FORMPAGES&
```

MAIN

Da Sie den Text für das Anschreiben bereits in einen Standardtext übertragen und dort übersetzt haben, muss im Fenster »MAIN« nur die Überschriftenzeile zu den Materialien übersetzt werden.

```
/E      TEXT
/:      INCLUDE ZSAPSCRIPT_01_TEXT OBJECT TEXT ID ST
/E      ITEM_HEADER
*
I1      Material no,,Material short text
*
/E      ITEM_LINE
I2      &GS_MAKT-MATNR&,,&GS_MAKT-MAKTX&
/:      DEFINE &Z_MATNR& = &GS_MAKT-MATNR&
/:      PERFORM FILL_MATNR IN PROGRAM ZSAPSCRIPT_01
/:      USING &Z_MATNR&
/:      CHANGING &Z_MATNR&
/:      ENDPERFORM
/:      INCLUDE &Z_MATNR& OBJECT MATERIAL ID GRUN NEW-PARAGRAPH IT
```

Aktivieren Sie das SAPscript-Formular über den Menüpfad Formular • Aktivieren.

7.2.6 Übersetzungstool zur Übersetzung ins Englische

SAP bietet Ihnen auch ein *Übersetzungstool* für Ihr SAPscript-Formular an. Rufen Sie dazu die Transaktion *SE76* auf und das Einstiegsbild für die SAPscript-Formularübersetzung wird Ihnen angezeigt. Tragen Sie entsprechend Abbildung 7.9

- das FORMULAR *ZSAPSCRIPT_01*,
- die QUELLSPRACHE *DE*,
- die ZIELSPRACHE *EN* ein und
- wählen Sie FENSTERTEXTE UND DOKUMENTATION aus.

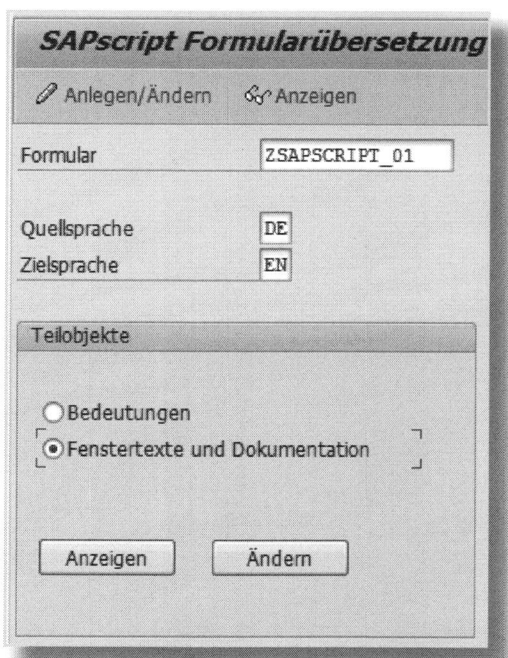

Abbildung 7.9: SAPscript-Formularübersetzung

Sobald Sie auf den Button [Ändern] klicken, erhalten Sie eine Übersicht aller Fenster aus dem SAPscript-Formular (siehe Abbildung 7.10):

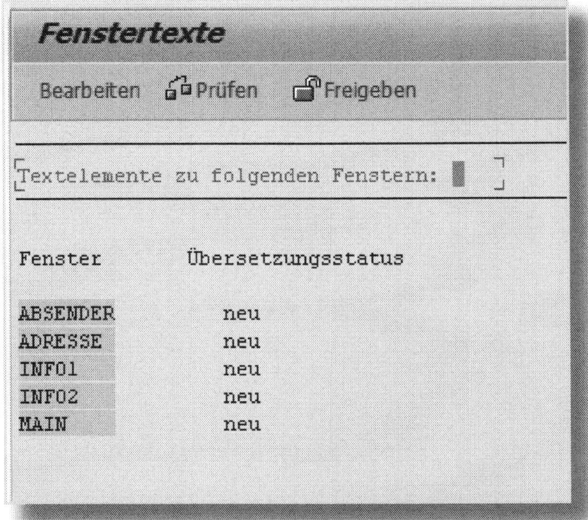

Abbildung 7.10: Fenstertexte

Wählen Sie das Fenster »MAIN« mit Doppelklick aus, so erhalten Sie eine Übersicht mit den deutschen und englischen Texten pro Textelement; dabei sind nur die englischen bearbeitbar, wie in Abbildung 7.11 zu sehen.

Wenn Sie die Textelemente mit dem grünen Pfeil (oder [F3]) verlassen, werden Sie gefragt, ob die Übersetzung vollständig ist. Wenn Sie hier »Nein« auswählen, wird der Übersetzungsstatus in der Übersicht auf »in Arbeit« gesetzt, ansonsten auf »fertig«.

So können Sie alle Fenster nacheinander bearbeiten und entsprechend einen Status setzen. Sind alle Fenstertexte fertig übersetzt, aktivieren Sie das SAPscript-Formular mit Klick auf den Button [Freigeben].

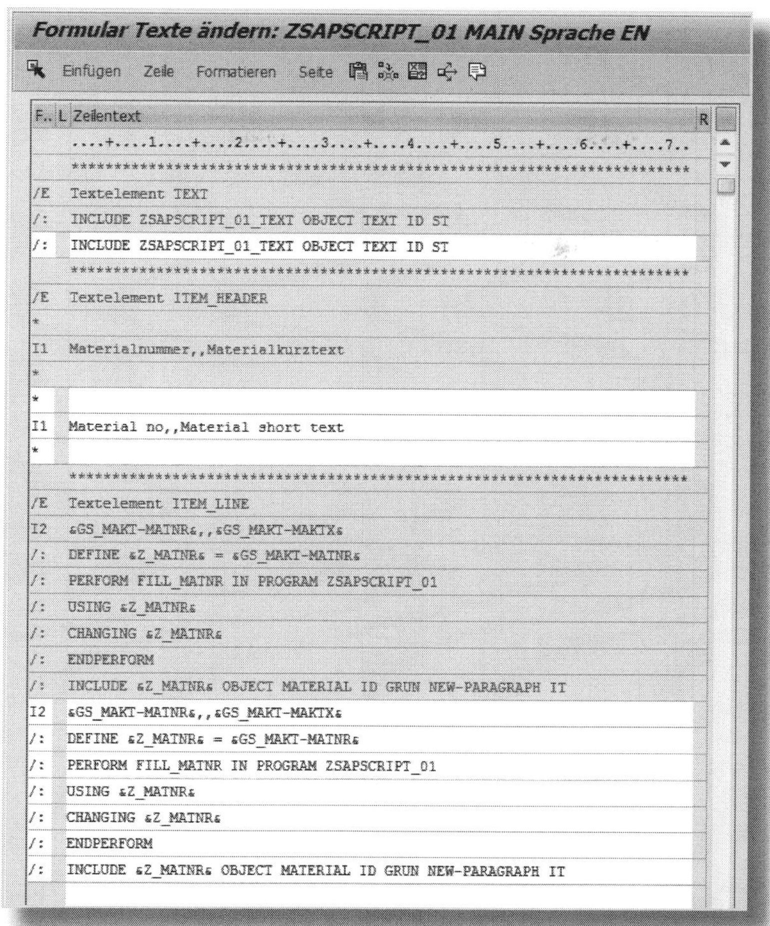

Abbildung 7.11: Übersetzung eines Textelements

7.3 Druckprogramm und die Sprache

Das SAPscript-Formular haben Sie bereits angepasst, jetzt muss die gewünschte Sprache noch in das Druckprogramm aufgenommen werden.

Rufen Sie den ABAP-Editor (Transaktion *SE38*) und ergänzen Sie den Selektionsbildschirm, damit Sie dort die Sprache vorgeben können.

```
* Selektionsbild
SELECT-OPTIONS: s_kunnr FOR gs_kna1-kunnr OBLIGATORY,
                s_matnr FOR gs_makt-matnr OBLIGATORY.
PARAMETERS:     p_spras TYPE spras
                        OBLIGATORY DEFAULT sy-langu.
```

Damit der Materialkurztext in der richtigen Sprache ausgegeben wird, muss auch hier die Sprache aus dem Selektionsbild aufgenommen werden.

```
* Selektion der Materialien
  SELECT        * FROM  makt
                  INTO TABLE gt_makt
         WHERE  matnr IN s_matnr
         AND    spras = p_spras.
```

Dann übergeben Sie diesen Parameter an den Funktionsbaustein OPEN_FORM:

```
* öffnen des Ausgabeauftrags, mit Übergabe des Formulars
  CALL FUNCTION 'OPEN_FORM'
    EXPORTING
      form     = 'ZSAPSCRIPT_01'
      language = p_spras.
```

Aktivieren Sie das Druckprogramm und führen Sie es aus. Abhängig von der gewählten Sprache erfolgt die Ausgabe entsprechend Abbildung 7.12 in Deutsch oder Englisch.

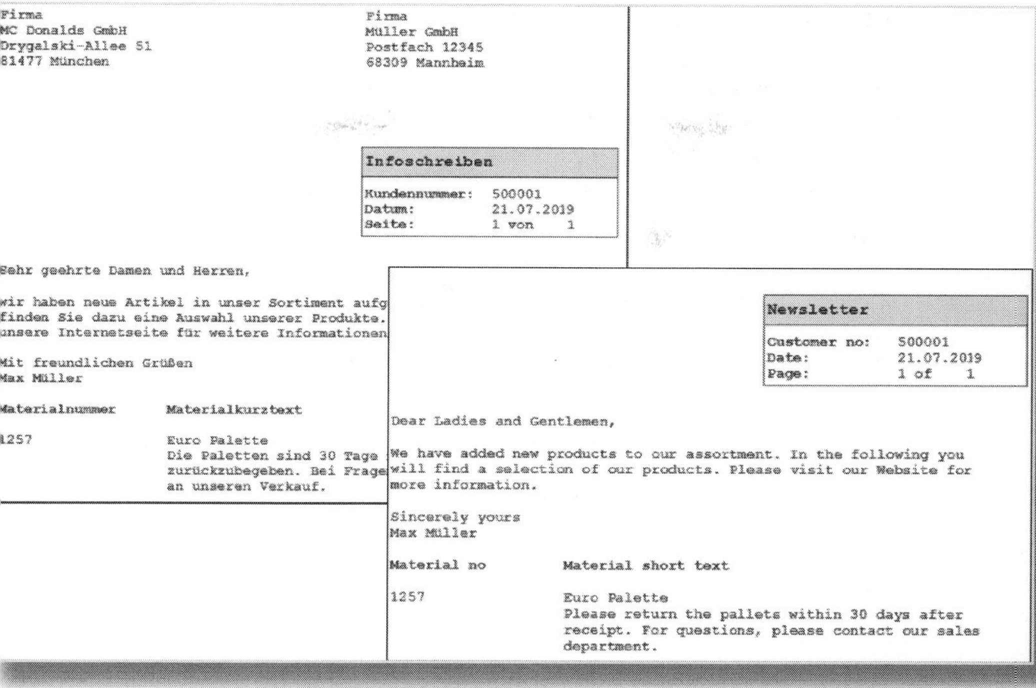
Firma
MC Donalds GmbH
Drygalski-Allee 51
81477 München

Firma
Müller GmbH
Postfach 12345
68309 Mannheim

Infoschreiben

Kundennummer: 500001
Datum: 21.07.2019
Seite: 1 von 1

Sehr geehrte Damen und Herren,

wir haben neue Artikel in unser Sortiment aufg
finden Sie dazu eine Auswahl unserer Produkte.
unsere Internetseite für weitere Informationen

Mit freundlichen Grüßen
Max Müller

Materialnummer	Materialkurztext
1257	Euro Palette Die Paletten sind 30 Tage zurückzubegeben. Bei Frage an unseren Verkauf.

Newsletter

Customer no: 500001
Date: 21.07.2019
Page: 1 of 1

Dear Ladies and Gentlemen,

We have added new products to our assortment. In the following you will find a selection of our products. Please visit our Website for more information.

Sincerely yours
Max Müller

Material no	Material short text
1257	Euro Palette Please return the pallets within 30 days after receipt. For questions, please contact our sales department.

Abbildung 7.12: Druckausgabe in DE und EN

7.4 SAPscript im Detail

In den folgenden Abschnitten erläutere ich Ihnen weitere Details und Bedeutungen zu folgenden Punkten:

- Sprachrichtlinien
- Verwendung von Langtexten
- Aufrufen von Unterprogrammen aus dem SAPscript-Formular
- bedingte Textausgaben

7.4.1 Sprachrichtlinien

SAPscript-Formulare sind sprachabhängig. Für jede Sprache, in der ein Dokument ausgegeben werden soll, ist ein eigenes Formular notwendig, eine eigene SAPscript-*Formularversion*.

Originalsprache

Die Sprache, in der Sie ein SAPscript-Formular anlegen, ist die Originalsprache. Hier definieren Sie das gesamte SAPscript-Formular:

- Verwaltungsdaten
- Grundeinstellungen
- Seiten
- Fenster
- Seitenfenster
- Absatzformate
- Zeichenformate
- Textelemente

Formularversionen

Beim Anlegen einer neuen SAPscript-Formularversion (Übersetzung in eine andere Sprache) werden die Objekte und Attribute aus der Originalsprache referenziert. Folgende Teile werden kopiert und können innerhalb jeder Version angepasst werden:

- Bezeichnung der einzelnen Objekte (zum Beispiel Fenster, Seiten)
- Textelemente
- Fontfamilie
- Fonthöhe

Meist sind Anpassungen nur in den Textelementen notwendig, da dort die Texte für die Ausgabe enthalten sind. Nutzen die Sprachen jedoch einen unterschiedlichen *Zeichensatz* wie zum Beispiel im Deutschen und Russischen, dann müssen Sie die Fontfamilien – und zum Teil auch die Fonthöhe – in den entsprechenden SAPscript-Formularversionen überprüfen und anpassen.

Formularänderungen

Sind nach dem Übersetzen in andere Sprachen Anpassungen hinsichtlich Bezeichnungen, Textelementen, Fontfamilie oder -höhe nötig, so gelten diese nur für die entsprechende SAPscript-Formularversion.

Sollen diese Modifizierungen auch in den anderen SAPscript-Formularversionen umgesetzt werden, müssen Sie diese manuell nachpflegen.

Ausgabesprache

Bei der Ausgabe eines SAPscript-Formulars kann die Sprache im Funktionsbaustein OPEN_FORM oder im START_FORM bestimmt werden. Wurde keine Sprache gesondert bestimmt, wird die Systemsprache verwendet.

Nun sucht das System zur Ausgabe der entsprechenden Sprache die passende SAPscript-Formularversion. Wurde zu der vorgegebenen Sprache keine solche gefunden, wird das SAPscript-Formular in der Originalsprache verwendet.

Sie können das ganz leicht mit unserem Beispiel durchspielen, indem Sie im Druckprogramm als SPRACHE *IT* für »Italienisch« eintragen. Es gibt keine SAPscript-Formularversion in Italienisch, somit erfolgt die Ausgabe in Deutsch, da dieses in unserem Fall die Originalsprache ist.

Mit dieser Regelung stellt SAP sicher, dass ein SAPscript-Formular auf jeden Fall ausgegeben wird, auch wenn die entsprechende Sprachversion nicht vorhanden ist.

Änderung der Originalsprache

Da stets die Originalsprache verwendet wird, wenn eine »unbekannte« Sprache ausgegeben werden soll, erscheint es sinnvoll, sich zu überlegen, welche Sprache die originale sein soll. Gerade bei international arbeitenden Unternehmen ist es sinnvoll, als Originalsprache Englisch zu wählen.

Sie können jederzeit die Originalsprache eines SAPscript-Formulars ändern. Dazu rufen Sie das SAPscript-Formular im Änderungsmodus auf (mit der Transaktion *SE71*) und wählen im Menü den Pfad Hilfsmittel • Umsetzten Originalsprache. Im sich nachfolgend öffnenden Popup wählen Sie die neue Originalsprache aus. Einzige Einschränkung hierbei: Es kann nur eine Sprache zur Originalsprache werden, wenn dazu bereits eine SAPscript-Version existiert.

Übersicht der SAPscript-Formularversionen

Möchten Sie sehen, welche Versionen zu einem SAPscript-Formular angelegt sind, dann lassen Sie sich dieses anzeigen und nutzen den Menüpfad Hilfsmittel • Versionen. Es wird Ihnen eine Übersicht entsprechend Abbildung 7.13 angezeigt.

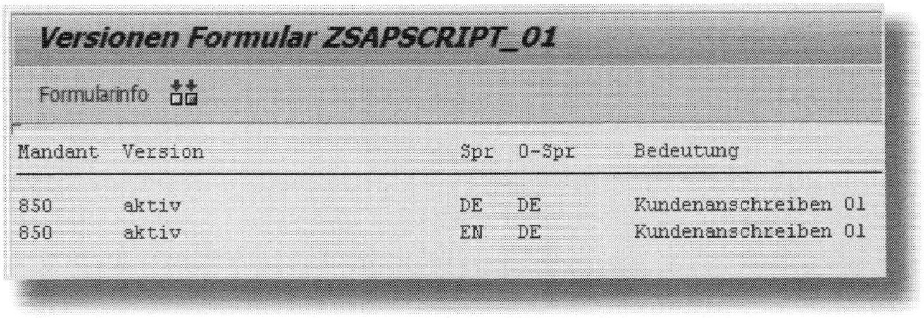

Versionen Formular ZSAPSCRIPT_01

Formularinfo

Mandant	Version	Spr	O-Spr	Bedeutung
850	aktiv	DE	DE	Kundenanschreiben 01
850	aktiv	EN	DE	Kundenanschreiben 01

Abbildung 7.13: Versionen des SAPscript-Formulars

7.4.2 Kopieren von SAPscript-Formularen

Ein »Versionieren«, wie Sie es vielleicht bei den ABAP- Programmen kennen, gibt es für SAPscript-Formulare nicht. Hier versteht man unter »Versionen« die verschiedenen Sprachen, in denen das SAPscript-Formular angelegt ist.

Wenn Sie eine Änderung an einem SAPscript-Formular durchführen und die bisherige Version dennoch behalten möchten, müssen Sie das vorhandene SAPscript-Formular unter einem neuen Namen abspeichern und so eine Sicherungskopie erstellen.

Gehen Sie dazu vor, wie bereits in Abschnitt 3.3.1 beschrieben (Transaktion *SE71,* Menüpfad Hilfsmittel • Kopieren von Mandant). Vergessen Sie jedoch nicht, Folgendes einzutragen:

- den Formularnamen, den Sie kopieren möchten,
- als Quellmandant den Mandanten, in dem Sie sich befinden und
- als Zielformular einen neuen Namen.

Wählen Sie außerdem aus, ob Nur die Originalsprache oder alle Versionen kopiert werden sollen (siehe Abbildung 7.14).

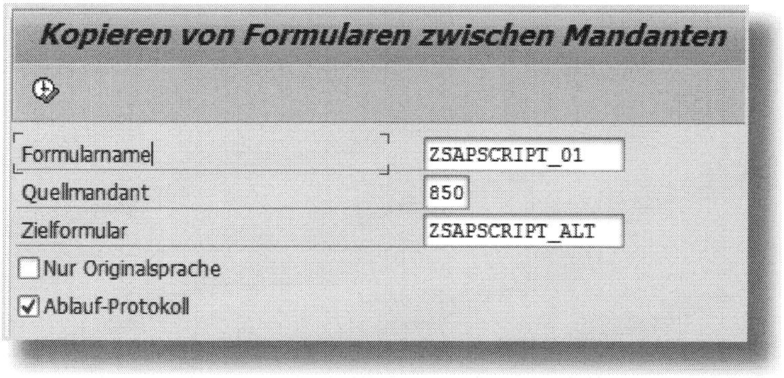

Abbildung 7.14: SAPscript-Formulare kopieren

Durch die Angabe des Quellmandanten haben Sie hier die Möglichkeit, ein SAPscript-Formular von einem Mandanten in einen anderen bzw. ein SAPscript-Formular innerhalb eines Mandanten unter einem neuen Namen zu speichern.

7.4.3 SAPscript-Formulare vergleichen

Sie haben nun gelernt, dass

- ein SAPscript-Formular sich sprachlich unterscheidende Versionen hat,
- Sicherungs-Kopien mit einem anderen Namen existieren können und
- in andere Mandaten weitere SAPscript-Formulare mit gleichem bzw. anderem Namen hineinkopiert werden können.

Um festzustellen, inwieweit sich zwei SAPscript-Formularversionen gleichen, haben Sie die Möglichkeit, diese zu vergleichen. Dazu rufen Sie den Form Painter (Transaktion *SE71*) auf und wählen im Menü Hilfsmittel • Formulare die Option vergleichen. Wie in Abbildung 7.15 zu sehen, geben Sie zwei Formularnamen mit Mandant, Sprache und Status an und führen den Report aus [F8].

Alle Attribute und Einstellungen der beiden SAPscript-Formulare werden Ihnen in einer Übersicht dargestellt (siehe Abbildung 7.16).

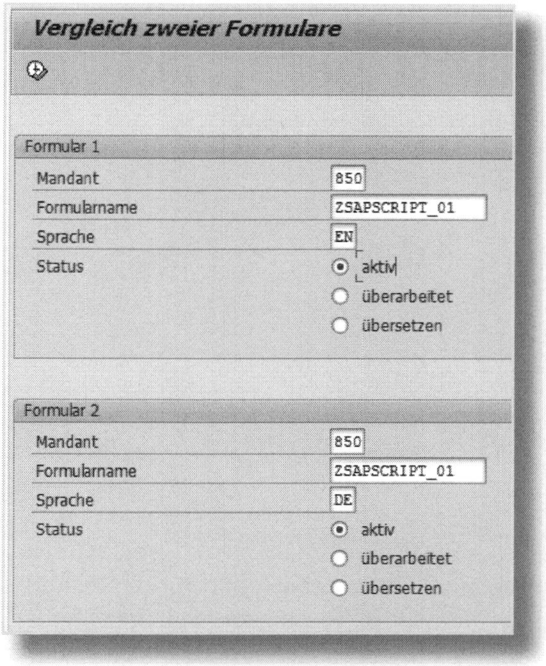

Vergleich zweier Formulare

Formular 1

Mandant	850
Formularname	ZSAPSCRIPT_01
Sprache	EN
Status	(•) aktiv ( ) überarbeitet ( ) übersetzen

Formular 2

Mandant	850
Formularname	ZSAPSCRIPT_01
Sprache	DE
Status	(•) aktiv ( ) überarbeitet ( ) übersetzen

Abbildung 7.15: SAPscript-Formulare vergleichen

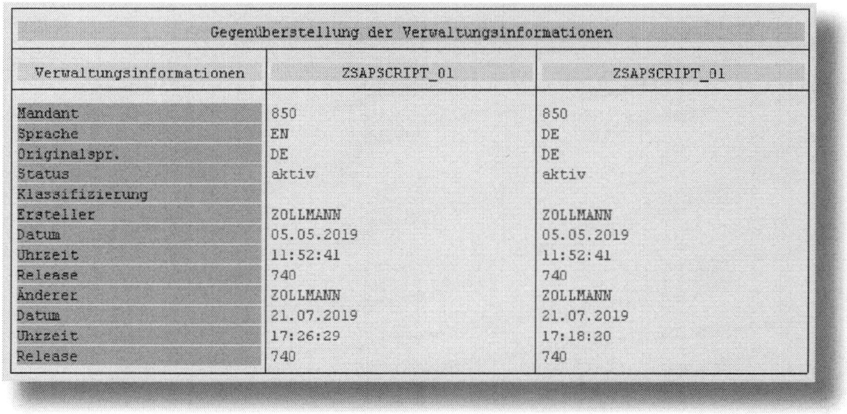

Gegenüberstellung der Verwaltungsinformationen

Verwaltungsinformationen	ZSAPSCRIPT_01	ZSAPSCRIPT_01
Mandant	850	850
Sprache	EN	DE
Originalspr.	DE	DE
Status	aktiv	aktiv
Klassifizierung		
Ersteller	ZOLLMANN	ZOLLMANN
Datum	05.05.2019	05.05.2019
Uhrzeit	11:52:41	11:52:41
Release	740	740
Änderer	ZOLLMANN	ZOLLMANN
Datum	21.07.2019	21.07.2019
Uhrzeit	17:26:29	17:18:20
Release	740	740

Abbildung 7.16: SAPscript-Formularversionen vergleichen

7.4.4 Langtexte

Jeder *Langtext*, der im SAP-System hinterlegt wurde, ist mit einem eindeutigen Schlüssel versehen. Dieser besteht aus:

- Textname
- Sprache
- Text-ID
- Textobjekt

Um einen Langtext aus einem SAPscript-Formular heraus auszugeben, müssen Sie diesen Schlüssel kennen. Bei Standardtexten ist das Textobjekt immer TEXT, alle anderen Angaben werden vom Anwender selbst festgelegt.

Bei den anderen Langtexten im SAP-System müssen Sie sich erst ansehen, wie dieser Schlüssel lautet. Am Beispiel des Grunddatentextes im *Materialstamm* zeige ich Ihnen, wie Sie diesen Schlüssel finden. Rufen Sie den *Grunddatentext* im Materialstamm zu Ihrem Material auf (Transaktion *MM03*, Grunddaten 1, Zusatzdaten, Grunddatentext). Ihre Anzeige sollte der in Abbildung 7.17 ähneln.

Es sollte mindestens für die Sprachen Deutsch und Englisch jeweils ein Text gepflegt sein. Klicken Sie auf den Editor-Button unten links; der Text wird Ihnen im herkömmlichen Texteditor angezeigt.

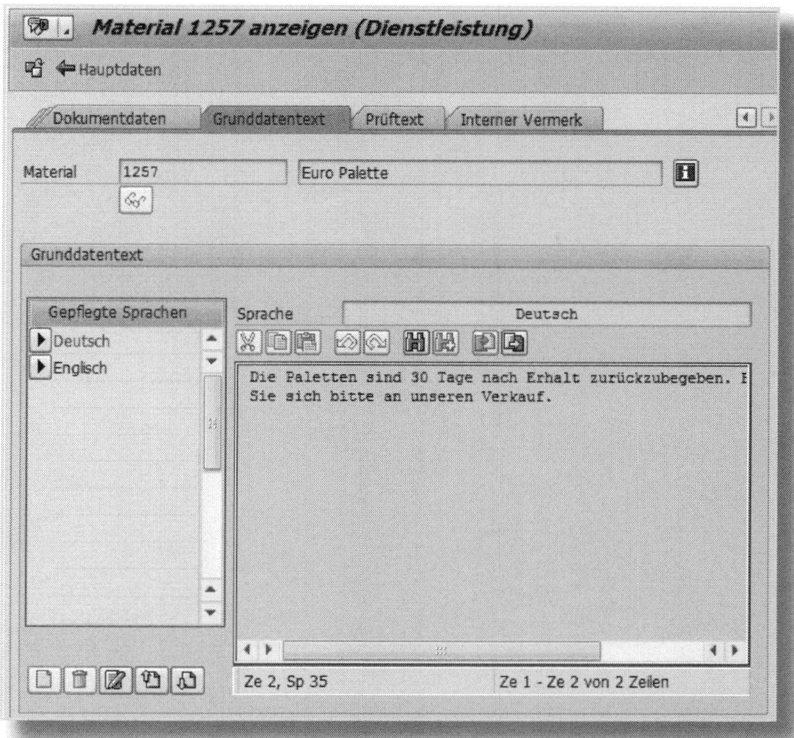

Abbildung 7.17: Grunddatentext im Materialstamm

Im Menü wählen Sie Springen • Kopf... Im folgenden Pop-up (siehe Abbildung 7.18) erkennen Sie alle Daten, die Sie benötigen, um einen Text in einem SAPscript-Formular auszugeben.

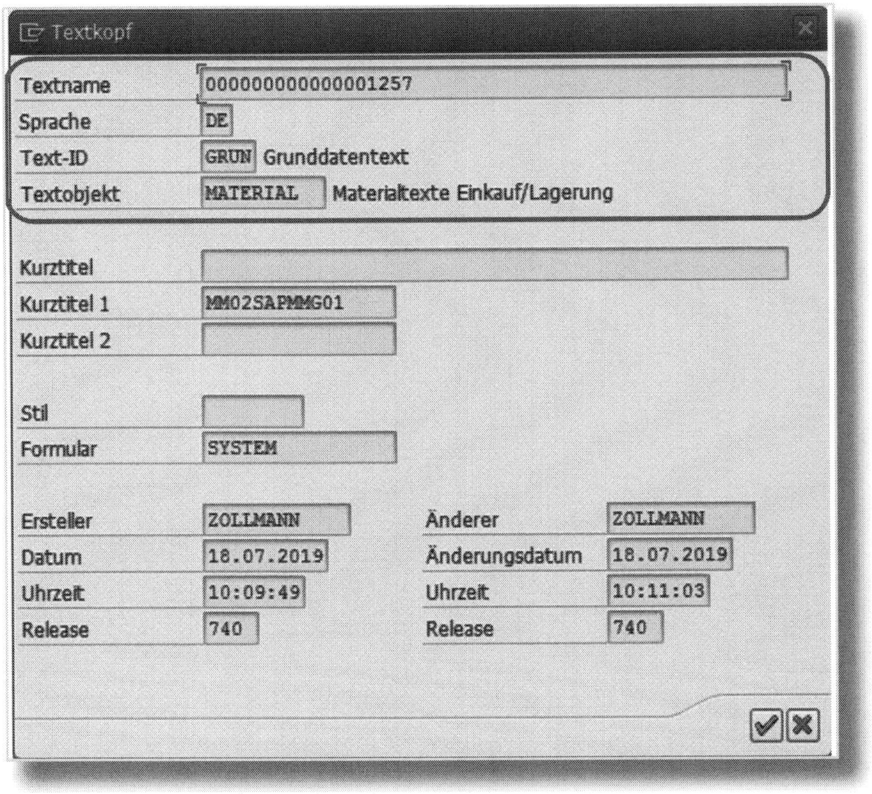

Abbildung 7.18: Textkopf zum Grunddatentext

Im umrahmten Teil sehen Sie den eindeutigen Schlüssel, mit dem der Grunddatentext angelegt wurde:

- Textname = Materialnummer mit führenden Nullen
- Sprache = DE
- Text-ID = GRUN
- Textobjekt = MATERIAL

Mit diesen Informationen können Sie nunmehr den Grunddatentext in das SAPscript-Formular einbinden.

Standardtexte

Texte, die wiederholt verwendet (Kopf-/ Fußzeilen) oder vom Anwender immer wieder angepasst werden sollen (Kundenanschreiben, Warenöffnungszeiten, Weihnachtsgrüße), werden als sogenannte *Standardtexte* abgelegt. Standardtexte sind

- mandanten- sowie
- sprachabhängig und
- nicht an das Transportwesen angeschlossen.

Diese Texte liegen außerhalb der SAPscript-Formulare und können in jedem Mandanten individuell vom Anwender gepflegt werden. Gerade deshalb werden für allgemeine Kopf- und Fußtexte in SAPscript-Formularen gern Standardtexte verwendet, zum Beispiel für

- Allgemeine Geschäftsbedingungen,
- Weihnachtsgrüße,
- Infos über neue Bankdaten oder Schließungstage der Warenannahme.

Zur Pflege der Standardtexte rufen Sie die Transaktion *SO10* auf oder gehen über das SAP-Menü Werkzeuge • Formulardruck • SAPscript • Standardtexte.

Im Einstiegsbild (siehe Abbildung 7.19) tragen Sie zum Beispiel

- als Textnamen *ZSAPSCRIPT_01_TEXT*,
- als Text-ID *ST* und
- als Sprache *DE*

ein und klicken anschließend auf Anlegen bzw. Ändern. Im sich öffnenden Texteditor können Sie den Text nun hinterlegen.

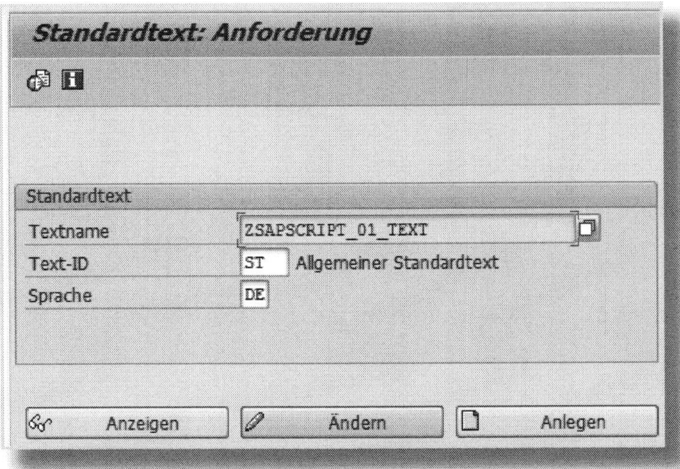

Abbildung 7.19: Standardtexte

> **Namensräume beachten**
>
> In einigen Systemen kann die folgende Warnmeldung erscheinen: »Namensräume beachten: Y, Z für Kunden, J_NC für Partner, A..X für SAP«.
>
> Dies bedeutet, dass entweder der Textname **oder** die Text-ID im Kundennamensraum liegen müssen. Wir haben zwar die Text-ID *ST* (»Allgemeiner Standardtext«) verwendet, jedoch beginnt der Textname mit einem »Z«. Somit kann die Warnung ignoriert werden. Soll sie unterdrückt werden, dann lesen Sie dazu den SAP-Hinweis 388051 »SAPscript: Meldung TD728 in Texteditor (SO10)«.

Über das Menü Springen • Kopf im Texteditor werden Ihnen die Kopfdaten des Standardtextes angezeigt (siehe Abbildung 7.20).

Textname	ZSAPSCRIPT_01_TEXT	
Sprache	DE	
Text-ID	ST	Allgemeiner Standardtext
Textobjekt	TEXT	SAPscript Standardtexte

Abbildung 7.20: Kopfdaten, Standardtext

Wie bereits beim Grunddatentext des Materials haben Sie nun den gesamten Schlüssel, den Sie zur Ausgabe in einem SAPscript-Formular benötigen:

- Textname = ZSAPSCRIPT_01_TEXT
- Sprache = DE
- Text-ID = ST
- Textobjekt = TEXT

Text-ID anlegen

Meist wird die Text-ID »ST« für Allgemeine Standardtexte verwendet. Zum Teil ist es jedoch notwendig, eigene Text-IDs anzulegen – damit ist es einfacher, Standardtexte strukturiert abzulegen.

Zur Pflege der Text-IDs gelangen Sie über das SAP-Menü Werkzeuge • Formulardruck • Administration • Einstellungen oder mit der Transaktion *SE75*. Markieren Sie, wie in Abbildung 7.21 dargestellt, Textobjekte und IDs und klicken Sie auf Ändern.

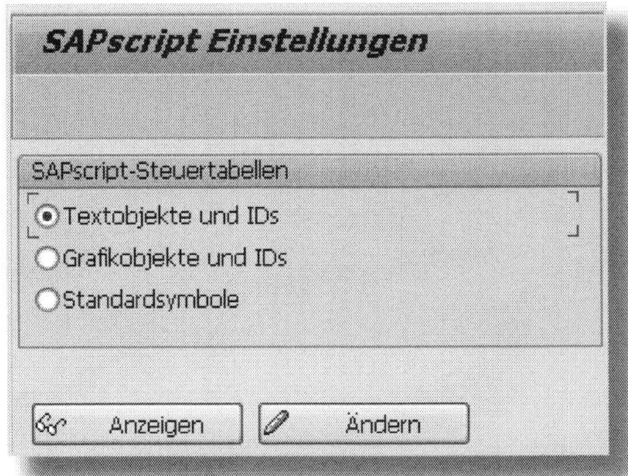

Abbildung 7.21: SAPscript-Einstellungen

Bitte beachten Sie die Warnung: »Diese Einstellungen sind mandantenunabhängig«. Die Änderungen sind direkt in allen Mandanten des Systems präsent und es wird ein *Transportauftrag* benötigt.

Ihnen wird eine Übersicht aller vorhandenen Textobjekte angezeigt. Stellen Sie den Cursor auf das Objekt »TEXT« und klicken Sie auf Text-IDs (siehe Abbildung 7.22).

Textobjekte ändern

Text-IDs

Objekt	Bedeutung	Format	Sicherungsmodus	Oberfläche	Zeilenbreite	Stil	Formular
T357G	Text zur Genehmigung		Verbuchung	TA	72		
TASKTEXT	Texte bei Aufgaben		nicht in Textdatei	WF	75		
TB_FHA	Treasury: Notiz zum Geschäft		Verbuchung	TA	72		
TERM			Dialog	[illegible]	[illegible]		
TEXT	SAPscript Standardtexte		Dialog	TX	132		SYSTEM
THX_HI			Verbuchung	TA	72		
THX_HN			Verbuchung	TA	72		
THX_HR			Verbuchung	TA	72		

Abbildung 7.22: Textobjekte

In der Übersicht der Text-IDs finden Sie auch den Eintrag »ST« für Allgemeine Standardtexte wieder. Da Sie eine neue Text-ID anlegen möchten, klicken Sie auf Anlegen (siehe Abbildung 7.23).

Text-ID's zu Objekt TEXT ändern

Text-ID	Bedeutung	Format	Include-ID (Default)	Textname anzeigen	Struktur Schlüssel
SDVD	Standardtext für RV-Formulare			☑	
ST	Allgemeiner Standardtext			☑	
SYST	Systemtext (anwend.unabhängig)			☑	
TBCO	TR-Formulare Bestätigungswesen			☑	
TXP	Testdaten für XtremeProgrammin			☑	

Abbildung 7.23: Text-IDs

Das Pop-up füllen Sie entsprechend Abbildung 7.24 und bestätigen Ihre Eingabe mit [↵].

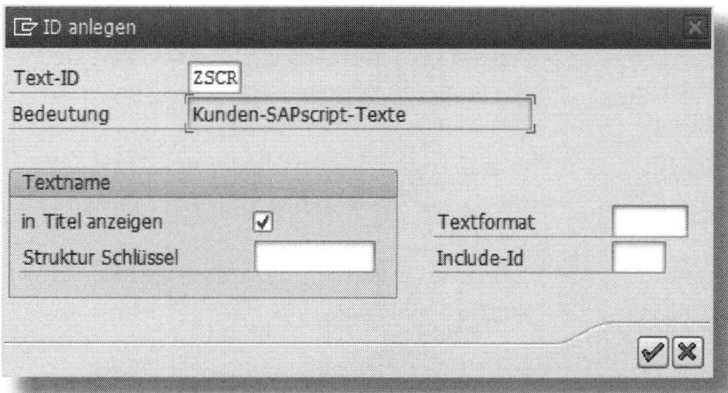

Abbildung 7.24: Neue Text-ID anlegen

Nun haben Sie eine neue Text-ID »ZSCR« angelegt, zu der Sie eigene Texte mithilfe der Transaktion *SO10* pflegen können.

Kundennamensraum

Bitte denken Sie beim Anlegen neuer Text-IDs immer an den Kundennamensraum »Z« bzw. »Y«. Befindet sich die Text-ID bereits hier, kann der Textname frei gewählt werden (er muss nicht mit »Z« bzw. »Y« beginnen).

7.4.5 Steuerkommando INCLUDE

Um Langtexte in ein SAPscript-Formular einzubinden, wird das Steuerkommando *INCLUDE* verwendet. Erst zum Zeitpunkt der Ausgabe eines Dokuments wird die aktuelle Version des inkludierten Textes übernommen und ausgegeben. Ist das Textfeld leer oder nicht vorhanden, dann wird auch nichts an dieser Stelle ausgegeben und das Steuerkommando sozusagen ignoriert.

```
/: INCLUDE name [OBJECT o] ID i [LANGUAGE l] [PARAGRAPH p]
[NEW-PARAGRAPH np]
```

Damit SAPscript den Text eindeutig lesen kann, werden die Kopfdaten in den Parametern übergeben. Der Textname kann

- direkt als *ZSAPSCRIPT_01_TEXT*,
- als Festwert mit Hochkommas *'ZSAPSCRIPT_01_TEXT'* oder
- auch als Symbol *&GV_TDNAME&* übergeben werden.

Wird kein OBJECT mitgegeben, wird automatisch das Text-Objekt »TEXT« (Standardtexte) verwendet. Als ID hinterlegen Sie die Text-ID.

Mit dem Parameter LANGUAGE wird die Sprache übergeben, in welcher der Text ausgegeben werden soll. Wird der Parameter weggelassen, dann wird die Sprache des aufrufenden SAPscript-Formulars verwendet. So kann sichergestellt werden, dass zum Beispiel in einem englischen SAPscript-Formular auch englischer Text ausgegeben wird.

Bei Langtexten werden meist die Standardabsatzformate wie zum Beispiel »*«, »/« oder »=« verwendet. Bei einer Ausgabe wird das zuletzt verwendete Absatzformat im SAPscript-Formular auch für den Langtext verwendet. Mit dem Parameter PARAGRAPH kann das Absatzformat, welches als Standardabsatz * des Langtextes verwendet werden soll, direkt vorgegeben werden.

Wird zusätzlich der Parameter NEW-PARAGRAPH verwendet und ein weiteres Absatzformat übergeben, dann wird dieses nur für die erste

Zeile des Langtextes übernommen (es sei denn, es ist eine Kommando- oder Kommentarzeile).

Ist nur der Parameter NEW-PARAGRAPH angegeben und nicht PARAGRAPH, so wird für die erste Zeile und alle folgenden Zeilen mit einem »*« das übergebene Absatzformat verwendet.

7.4.6 Steuerkommando PERFORM

Das Steuerkommando *PERFORM* kommt immer wieder zum Einsatz,

- wenn zusätzliche Daten erforderlich sind oder
- Berechnungen erstellt werden müssen.

Das geschieht, wenn eine Anpassung des Druckprogramms nicht möglich ist, da dieses zum Beispiel ein SAP-Standarddruckprogramm ist.

```
/: PERFORM <form> IN PROGRAM <prog>
/: USING &INVAR1&
/: USING &INVAR2&
......
/: CHANGING &OUTVAR1&
/: CHANGING &OUTVAR2&
......
/: ENDPERFORM
```

Aufgerufen wird das Unterprogramm <form> im Programm <prog>. Sie können alle im SAPscript-Formular bekannten Symbole als *USING*-Parameter übergeben.

Hinter dem Parameter *CHANGING* sind Textsymbole angegeben, die den übergebenen Wert enthalten. Diese müssen nicht vorher definiert werden.

In dem aufgerufenen ABAP-Programm <prog> müssen Sie das entsprechende Unterprogramm <form> wie folgt übernehmen:

```
FORM <form> TABLES IN_TAB  STRUCTURE ITCSY
                   OUT_TAB STRUCTURE ITCSY.
...
ENDFORM.
```

Dabei enthält die Tabelle »IN_TAB« alle Daten aus den Parametern USING und die »OUT_TAB« alle Daten aus den Parametern CHANGING.

Nun können Sie die Felder nach Belieben auslesen und befüllen. Wenn Sie zum Beispiel zwei Symbole haben, die multipliziert werden sollen, könnten Sie Folgendes im SAPscript-Formular programmieren:

```
/: PERFORM do_multi IN PROGRAM z_rechnen
/: USING &GV_WERT1&
/: USING &GV_WERT2&
/: CHANGING &MULTI&
/: ENDPERFORM
```

Dazu müssen Sie ein neues ABAP-Programm mit dem entsprechenden Unterprogramm anlegen (siehe Listing 7.2).

```
REPORT z_rechnen.

FORM get_strichcode TABLES in_tab  STRUCTURE itcsy
                           out_tab STRUCTURE itcsy.
  DATA: lv_wert1 TYPE numc15,
        lv_wert2 TYPE numc15.

* erster USING-Wert
  READ TABLE in_tab WITH KEY 'GV_WERT1'.
  CHECK sy-subrc = 0.
  lv_wert1 = in_tab-value.

* zweiter USING-Wert
  READ TABLE in_tab WITH KEY 'GV_WERT2'.
  CHECK sy-subrc = 0.
  lv_wert2 = in_tab-value.

* CHANGING-Wert berechnen
```

```
  READ TABLE out_tab WITH KEY 'MULTI'.
  CHECK sy-subrc = 0.
  out_tab-value = lv_wert1 * lv_wert2.

* CHANGING-Wert an Tabelle zurückgeben
  MODIFY out_tab INDEX sy-tabix.

ENDFORM.
```

Listing 7.2: Unterprogramm für den Aufruf aus einem SAPscript-Formular

Steuerkommando SUMMING

Im vorangegangenen Beispiel nutzte ich den externen Programmaufruf, um zwei Zahlen zu multiplizieren. Zum Summieren bietet SAPscript das Steuerkommando *SUMMING* an.

```
/: SUMMING &programmsymbol& INTO &summensymbol&
```

Sie müssen Programmsymbol und Summensymbol bereits im Druckprogramm definiert haben. Nach dem SUMMING-Aufruf wird der Wert des Programms jeweils zum Wert des Summensymbols kumuliert, wenn dieses aufgerufen wird.

Eingesetzt wird dieses Kommando zum Beispiel auf Rechnungen zur Ermittlung des Übertrags, der auf jeder Seite angedruckt werden soll. Vor dem Aufruf der einzelnen Positionen wird im SAPscript-Formular aufgerufen:

```
/: SUMMING &GV_POS_RECHNUNGSWERT& INTO &GV_UEBERTRAG&
Danach werden die einzelnen Positionen ausgegeben, in denen
jeweils das Symbol &GV_POS_RECHNUNGSWERT& aufgerufen wird.
SAPscript addiert diesen Wert automatisch zum Symbol &GV_
UEBERTRAG&.
```

Das Summensymbol wird in einem eigenen VAR-Fenster »UEBERTRAG« ausgegeben. Da diese Fenster erst nach dem MAIN-Fenster prozessiert werden, steht im Symbol immer der aktuelle Wert am Ende einer Seite. Somit wird der richtige Übertrag ausgegeben.

7.4.7 Bedingte Textausgabe

Mit den Steuerkommandos »IF« und »CASE« haben Sie die Möglichkeit, Logik in das SAPscript-Formular einzubauen. Damit können Sie angeben, ob und welche Texte ausgegeben werden sollen.

Logik in SAPscript

Für eine spätere Pflege und Anpassung eines SAPscript-Formulars ist es hilfreich, wenn Sie die Logik der Ausgabe nicht übers Druckprogramm, SAPscript und evtl. auch noch den externen Programmaufruf verteilen.

Wenn es irgendwie geht, sollten Sie die gesamte Logik im Druckprogramm abbilden und innerhalb von SAPscript keine oder nur wenige IF- oder CASE-Steuerkommandos verwenden. SAP-Standarddruckprogramme bilden hierbei eine Ausnahme, da diese nicht ohne Modifikation angepasst werden dürfen.

Steuerkommando IF

Das *Steuerkommando IF* ist ähnlich aufgebaut wie der *ABAP-Befehl IF*.

- Die Steuerkommando-Kette ist eingeschlossen durch »IF« und »ENDIF«.
- Mit »ELSEIF« und »ELSE« können weitere Fallunterscheidungen eingebaut werden.
- Es können beliebig viele Steuerkommandos »ELSEIF« aufgerufen werden.

- Das Steuerkommando »ELSE« ist optional. Fehlt dieses, und ist keine der Bedingungen erfüllt, wird die Ausgabe nach dem »ENDIF« angestoßen.

```
/:    IF Bedingung1
*     Text zur Bedingung 1
/:    ELSEIF Bedingung2
*     Text zur Bedingung 2
/:    ELSE
*     Text zum ELSE-Zweig
/:    ENDIF
```

In den Bedingungen gibt es jedoch Einschränkungen zum ABAP-Befehl IF:

- Sie können nur die Vergleichsoperatoren EQ, LT, GT, LE, GE, NE verwenden.

```
Bedingungen können Sie mit AND und OR verknüpfen, zum
Beispiel:
IF &gv_wert1& GT &gv_wert2& AND &gv_wert1& GE '0'
```

- Eine Bedingung muss inklusive IF bzw. ELSEIF in eine Zeile passen. Langezeilen sind erlaubt (RECHTE MAUSTASTE • SEITE LINKS/RECHTS).
- Bedingungen werden von links nach rechts ausgewertet, es gibt keine Klammersetzung und keine Bindungsstärke.

Steuerkommando CASE

Das Verhalten des *Steuerkommandos CASE* entspricht dem *ABAP-Befehl CASE*. Es handelt sich um eine mehrstufige Fallunterscheidung, in der ein Symbol auf Gleichheit mit verschiedenen Werten geprüft wird.

```
/:    CASE &symbol&
/:    WHEN &wert1&
*     Text zu Wert 1
/:    WHEN &wert2&
*     Text zu Wert 2
```

```
/:    WHEN &wertn&
*     Text zu Wert n
/:    WHEN OTHERS
*     Text zu Wert others
/:    ENDCASE
```

Das Steuerkommando beginnt immer mit »CASE« und dem Symbol und endet mit »ENDCASE«. Der Teil »WHEN OTHERS« muss, wie auch im ABAP, nicht ausprogrammiert werden. Entspricht das Symbol keinem der Werte, wird die Ausgabe nach dem »ENDCASE« fortgeführt.

7.5 Kurzquiz zur Lernkontrolle

1. Die Originalsprache ist
   a) die Ausgabesprache des Dokuments,
   b) die Sprache, in der das Dokument ausgeben wird, wenn zu der angeforderten Sprache keine Formular-Version vorhanden ist,
   c) die Sprache des Dokumentenempfängers, mit der verschiedene Parameter innerhalb von SAPscript gesteuert werden.

2. Einen Text aus einem Beleg oder einen Standardtext binden Sie im Formular
   a) mit dem Steuerkommando INCLUDE ein,
   b) mit dem Steuerkommando TEXT ein oder
   c) einen solchen Text kann man nur mit dem Druckprogramm ausgeben.

3. Mit den Formularversionen
   a) werden bei Änderungen an einem Formular die unterschiedlichen Stände mitprotokolliert, wie auch bei jedem ABAP-Programm,

b) kann man unterschiedliche Layouts bzgl. Hochformat und Querformat darstellen,

c) sind die unterschiedlichen Sprachen eines Formulars gemeint; jede Sprache ist eine Version.

Antworten siehe Anhang: »Lösungen Kurzquiz«.

8 Tipps und Tricks

Mit dem bisher Erlernten verfügen Sie nun über ein gutes Allgemeinwissen im Bereich SAPscript. In den folgenden Abschnitten gebe ich Ihnen einige Hilfen an die Hand, die Ihnen den Umgang mit SAPscript leichter machen und Ihnen die folgenden Fragestellungen beantworten:

- Wie finde ich ein SAPscript-Formular und das dazugehörige Druckprogramm?
- Wie funktioniert der SAPscript-Syntax-Check?
- Welche weiteren Formatierungsmöglichkeiten für Symbole gibt es – abgesehen von den Absatz- und Zeichenformatierungen?
- Was mache ich, wenn ein Formular in vielen Sprachen benötigt wird?
- Wie wird ein Etikettendruck realisiert – vor allem der Ausdruck auf Spezialdruckern?
- Wie kommt ein buntes Logo auf meinen Ausdruck?

8.1 Suche von SAPscript-Formularen und Druckprogrammen

Immer wieder passiert es, dass ein Dokument angepasst werden soll, man jedoch weder das SAPscript-Formular noch das Druckprogramm kennt. Nun beginnt das Suchen im System.

Meist sind die Verbindungen zwischen Druckprogramm und SAPscript-Formularen im *Customizing* hinterlegt. Es kommt immer wieder vor, dass man sich gerade in dem entsprechenden Bereich im Customizing nicht auskennt und hier keinen direkten Ansprechpartner hat.

Hier können Sie alle Schritte, die bei der Ausgabe des Dokuments durchlaufen werden, direkt verfolgen:

- Break-Point
- Einzelschritt
- Ausführen
- Weiter
- Links/Rechts

8.1.2 ABAP-Debugging

Um das entsprechende Druckprogramm zu finden, wählen Sie im Menü des SAPscript-Debuggers Bearbeiten • ABAP Debugging. Es öffnet sich ein weiterer Modus mit dem *ABAP-Debugger*. Hier wird nun ein ABAP-Programm angezeigt, das speziell für diesen SAPscript-Debugger funktioniert. Drücken Sie auf die Taste F7, und Ihnen wird das Druckprogramm *ZSAPSCRIPT_01* zum SAPscript-Formular angezeigt (siehe Abbildung 8.3).

Um den ABAP-Debugger zu beenden, wählen Sie den Menüfad Debugger • Beenden (Anwendung läuft weiter). Das Fenster wird geschlossen und der SAPscript-Debugger wieder angezeigt. Der SAPscript-Debugger wird auf dieselbe Weise über Debugger • Beenden ausgeschaltet. Danach erfolgt die Ausgabe des Dokuments.

Weitere Informationen

Weitere Details zum SAPscript-Debugger finden Sie im SAP-Hinweis 19104 und zum ABAP-Debugger in der SAP-Onlinehilfe.

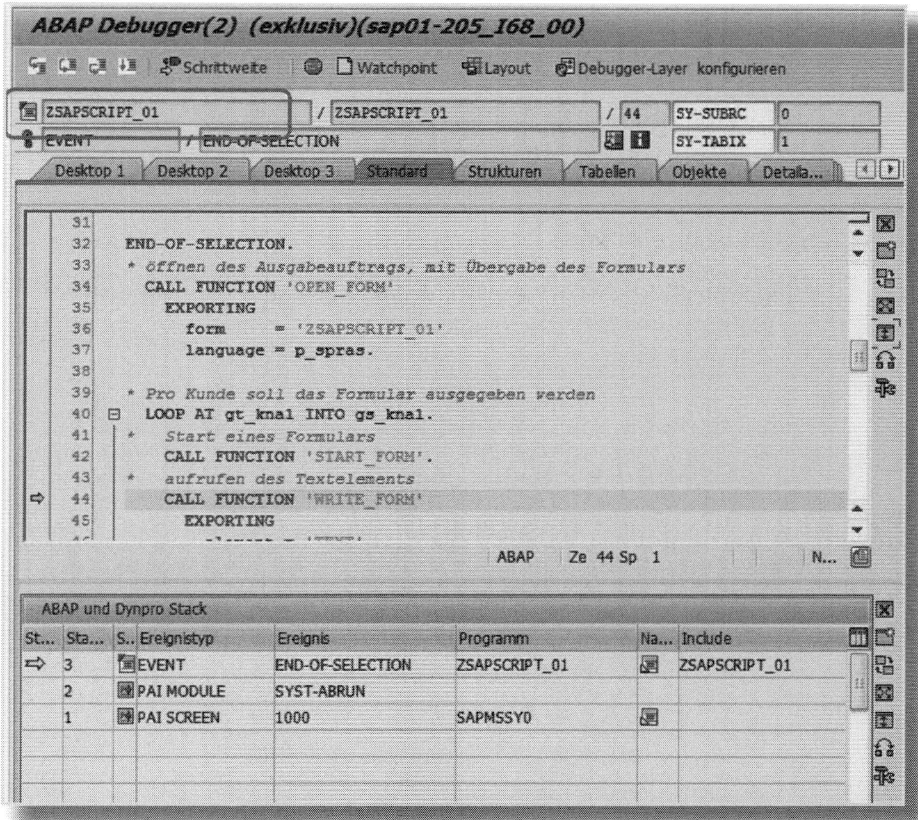

Abbildung 8.3: ABAP-Debugger

8.2 Syntax-Check

In allen Beispielen hatte ich Ihnen konkret vorgegeben, was Sie im SAPscript-Formular wo eintragen sollen. Wenn Sie hier keine Tippfehler gemacht haben, sollte es kein Problem gewesen sein, das SAPscript-Formular zu aktivieren und das Dokument entsprechend auszugeben.

Sollten Sie Fehler gemacht haben, dann ist das Aktivieren nicht mehr möglich und Sie müssen das SAPscript-Formular überarbeiten.

Sie können bereits vor dem Aktivieren das SAPscript-Formular auf Fehler überprüfen und einen sogenannten *Syntax-Check* durchführen. SAPscript bietet Ihnen die Möglichkeit, folgende Teile zu prüfen:

- Textelemente und
- Definitionen der einzelnen Objekte (Fenster, Seiten, Seitenfenster, Absatzformate, Zeichenformate sowie Grundeinstellungen).

8.2.1 Textelemente prüfen

Die Überprüfung der Textelemente können Sie über den Menüpfad Formular • Prüfen • Texte aufrufen. So können alle Textelemente des SAPscript-Formulars überprüft werden. Möchten Sie nur ein einzelnes Textelement kontrollieren, wechseln Sie in dieses Textelement und wählen im Menüpfad Text • Prüfen aus. Es können folgende Objekte geprüft werden:

- Steuerkommandos (Syntax und Schachtelung)
- Symbole
- INCLUDE-Auflösung von Langtexten
- Absatzformate
- Zeichenformate

Steuerkommandos werden immer überprüft. Alle weiteren Überprüfungen können Sie in einem Pop-up auswählen (siehe Abbildung 8.4).

Include-Auflösung

Eine Überprüfung der inkludierten Texte ist nur möglich, wenn im Steuerkommando INCLUDE keine Symbole verwendet werden.

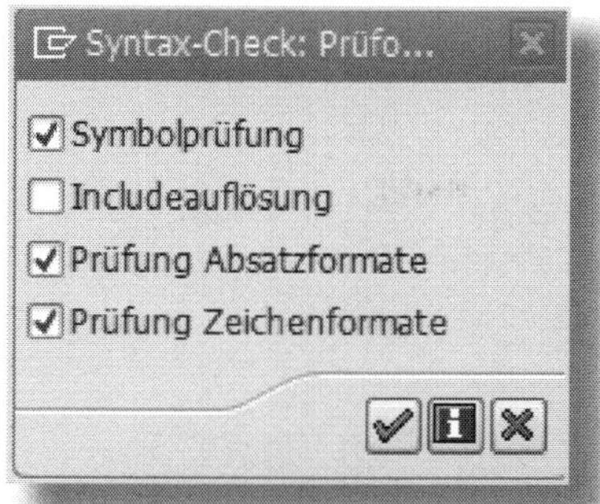

Abbildung 8.4: Syntax-Check im Textelement

Danach müssen Sie das dazugehörige Druckprogramm auswählen, wie Abbildung 8.5 zeigt.

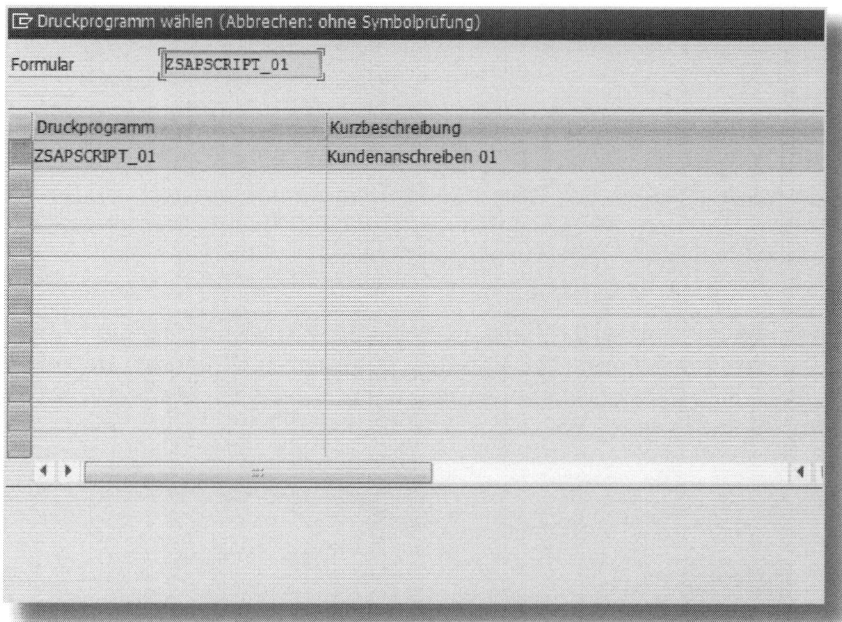

Abbildung 8.5: Druckprogramm für Syntax-Check

Im Allgemeinen ist das richtige Druckprogramm bereits in der Übersicht eingetragen. Sollte es fehlen, können Sie dieses mit dem Button

[Druckprog hinzufügen] in die Liste aufnehmen. Markieren Sie das entsprechend Programm und klicken Sie auf den Button [✔ Übernehmen].

Sollte alles korrekt abgelaufen sein, erhalten Sie die Meldung »Der Text ist syntaktisch korrekt«. Andernfalls erscheint eine Übersicht entsprechend Abbildung 8.6 mit den jeweiligen Meldungen.

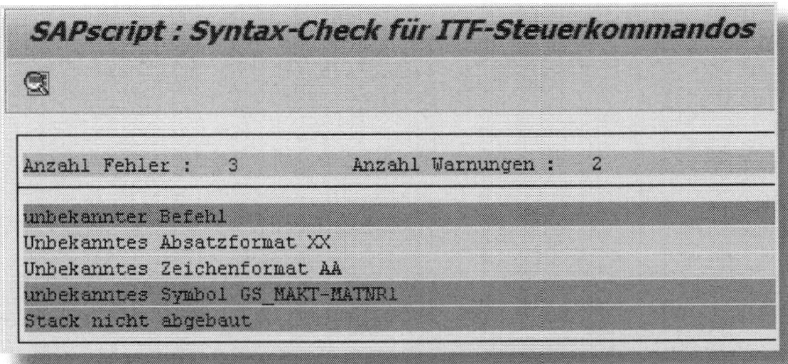

Abbildung 8.6: Fehlermeldungen, Syntax-Check

Ein Klick auf eine der Zeilen öffnet eine neue Übersicht, in der die Fehler- und Warnmeldungen in das Textelement eingebaut sind (siehe Abbildung 8.7).

Sie können hier leider keine Korrekturen vornehmen, sondern müssen mit dem grünen Pfeil (oder [F3]) wieder zurück ins Textelement wechseln und können dann dort die notwendigen Anpassungen durchführen.

Keine Rechtschreibprüfung

Bei der Überprüfung der Textelemente erfolgt keine Rechtschreibprüfung.

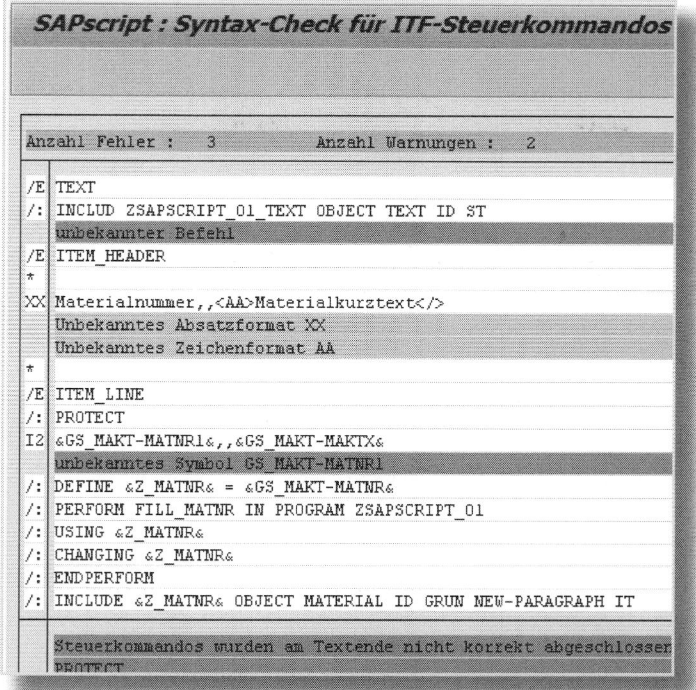

Abbildung 8.7: Fehler-/Warnmeldungen im Textelement

8.2.2 Definitionen prüfen

Die Definition der Objekte können Sie über das Menü Formular • Prüfen • Definition kontrollieren. Dieser Check läuft auch automatisch beim Aktivieren eines SAPscript-Formulars ab. Folgende Punkte werden dabei unter anderem berücksichtigt:

- Alle Default-Elemente in den Grundeinstellungen müssen im SAPscript-Formular definiert sein.
- Die Breite des Seitenfensters MAIN muss auf allen Seiten gleich sein.

- Default-Absatzformate, die in Fenstern verwendet werden, müssen definiert sein.
- Für alle Seitenfenster müssen Höhe und Breite vorgegeben sein.

Die Inhalte der Textelemente werden nicht überprüft.

Es gibt bei der Definitionsprüfung keine Übersicht aller Fehler, sondern es wird immer ein Fehler als Meldung angezeigt. Wenn dieser korrigiert wurde, müssen Sie die Prüfung erneut anstoßen, um sich weitere Fehler anzeigen zu lassen.

Sammelhinweis

Sollten Sie weitere Probleme mit einem SAPscript-Formular haben, hilft Ihnen evtl. der SAP-Hinweis 152442 – SAPscript: Sammelhinweis.

8.3 Formatierung von Symbolen

Mittels Absatz- und Zeichenformatierung kann man die meisten Formatierungsfragen lösen. Dennoch gibt es Anforderungen, die damit nicht umgesetzt werden können, zum Beispiel beim Vorgeben der Anzahl von Nachkommastellen bei Zahlen oder dem expliziten Weglassen des Vorzeichens bei negativen Zahlen.

Welche weiteren Anpassungen möglich sind, sehen Sie, wenn Sie einem Textelement ein neues Symbol über das Menü Einbinden • Symbole • Neu... auswählen. Es öffnet sich ein Pop-up entsprechend Abbildung 8.8.

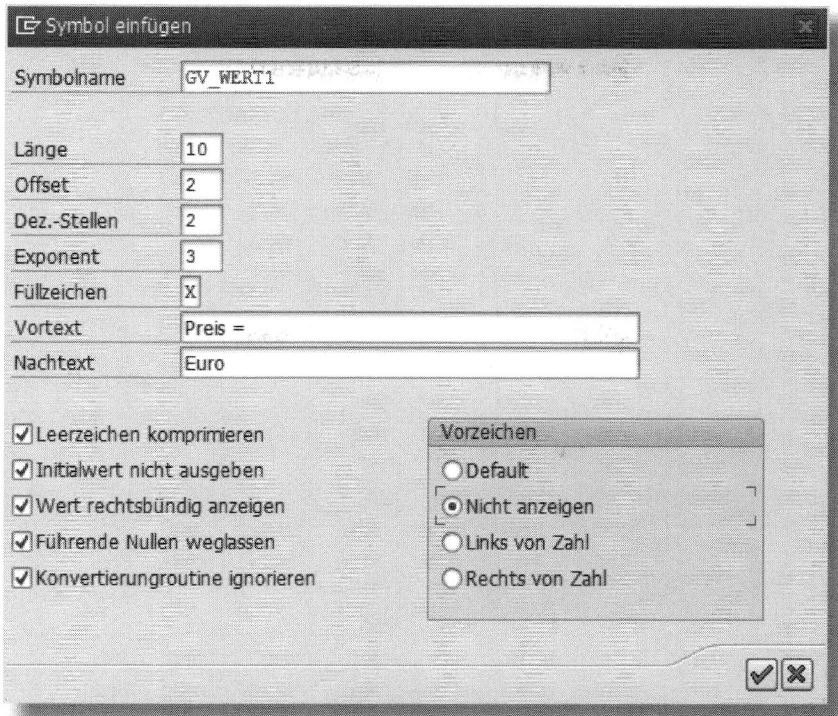

Abbildung 8.8: Symbol einfügen

Jede Auswahl, die Sie hier treffen, wird in den Symbolnamen eingebaut. Die Auswahl im oben gezeigten Pop-up ergibt folgendes Symbol im Textelement:

```
*    &'Preis ='GV_WERT1+2(10.2E3CKIRZSFX)'Euro'&
```

Wie Sie sehen, besteht das Symbol aus mehreren Bereichen:

&	Beginn des Symbols
'Preis ='	Vortext in Hochkommata
GV_WERT1	Symbolname
+2	Offset

(10.2E3CKIRZSFX)	Formatierung des Ausgabewertes
'Euro'	Nachtext in Hochkommata
&	Abschluss des Symbols

Möchten Sie zu einem Symbol eine zusätzliche Formatierung oder einen Vor-/Nachtext einfügen, erreichen Sie das über den oben genannten Weg oder Sie tippen die entsprechenden Anforderungen zum Symbol manuell ein.

Zur besseren Übersicht skizziere ich Ihnen in der folgenden Tabelle 8.1 alle möglichen Einstellungen und Optionen für die Formatierung der Ausgabe eines Symbolwertes.

	Bedeutung	Ort
'Preis ='	*Vortext* Wird nur ausgegeben, wenn ein Symbolwert vorhanden ist.	in Hochkommata nach dem einleitenden »&«
+2	*Offset-Angabe* Die entsprechende Anzahl an Zeichen des Symbolwertes wird nicht ausgegeben.	nach dem Symbolnamen mit einem »+« vorangestellt
10	*Länge* Soll nicht die gesamte Länge des Symbolwertes ausgegeben werden, kann diese hier beschränkt werden. Ist die Längenangabe größer als die Länge des Symbolwertes, wird mit Leerzeichen aufgefüllt.	in Rundklammern ()
.2	*Dezimalstellen* Default wird die Anzahl an Dezimalstellen ausgegeben, welche im Data-Dictionary zu dem Feld hinterlegt ist. Es kann hier nach Bedarf angepasst werden.	in Rundklammern (), mit einem ».« vorangestellt

	Bedeutung	Ort
E3	*Exponent* Bei Fließkommazahlen können Sie hier den Exponenten anpassen. Geben Sie hier »0« ein, erfolgt die Ausgabe des Symbolwertes nicht in Exponentialschreibweise.	in Rundklammern (), mit einem »E« vorangestellt
C	*Leerzeichen komprimieren* Leerzeichen links des Symbolwertes werden komplett entfernt und mehrere aufeinanderfolgende Leerzeichen im Symbolwert, werden durch ein Leerzeichen ersetzt.	in Rundklammern ()
K	*Konvertierungsroutine* ignorieren Einige Datenelemente haben im Data-Dictionary eine Konvertierungsroutine hinterlegt. Mit dieser Option können Sie diese ausschalten.	in Rundklammern ()
I	*Initialwert* nicht ausgeben Ist ein Symbolwert zum Beispiel ein Euro-Betrag und dieser ist 0,00, dann wird auch 0,00 ausgegeben. Mit der Initialwertoption kann man dieses unterbinden.	in Rundklammern ()
R	Wert *rechtsbündig* anzeigen Zahlenwerte werden normalerweise linksbündig ausgegeben, mit dieser Option erfolgt die Ausgabe rechtsbündig.	in Rundklammern ()
Z	*Führende Nullen* weglassen Wird ein Symbolwert mit führenden Nullen ausgegeben, dann kann das mit dieser Option verhindert werden.	in Rundklammern ()

	Bedeutung	Ort
< oder S oder >	*Vorzeichen* links vom Wert kein Vorzeichen Vorzeichen rechts vom Wert	in Rundklammern ()
FX	*Füllzeichen* Alle linksbündigen Leerzeichen des Symbolwertes werden mit diesem Zeichen aufgefüllt.	in Rundklammern (), mit einem vorangestellten »F«
'Euro'	*Nachtext* wird nur ausgegeben, wenn ein Symbolwert vorhanden ist	in Hochkommata vor dem abschließenden »&«

Tabelle 8.1: Formatierung eines Symbols

Vor-/Nachtext

Der Vorteil der Nutzung von Vor- bzw. Nachtexten besteht darin, dass diese nur ausgegeben werden, wenn dem Symbol selbst auch ein Wert zur Ausgabe zugeordnet wurde. Würden diese Texte einfach vor bzw. nach dem Symbol im Textelement angegeben werden, würden sie immer gedruckt werden, also unabhängig vom Wert des Symbols.

Sie können in den Vor- und Nachtexten auch mit Symbolen arbeiten. Soll zum Beispiel eine Gewichtsangabe mit Maßeinheit nur ausgegeben werden, wenn auch ein Gewicht vorhanden ist, würde man das Symbol wie folgt schreiben: &GV_GEWICHT(I)'&GV_MASSEINHEIT&'&.

8.4 Sprachenkonzept

Es ist ein leidiges Thema, dass bei Anpassungen von sprachabhängigen Formularen immer alle Formularversionen angepasst werden müssen. Das ist seit den Anfängen von SAPscript so und hat sich auch bei den neueren Technologien nicht geändert.

Wenn ein Dokument in vielen Sprachen benötigt wird, dann sollte man sich vor dessen Erstellung ein entsprechendes Sprachenkonzept überlegen, welches zu den Sprachrichtlinien des SAP-Systems passt, siehe Abschnitt 7.4.1. Dazu müssen Sie auch im Detail wissen, wann vom System welche Texte in welcher Sprache gefüllt werden und wie Sie dieses beeinflussen können.

Die Sprache des SAPscript-Formulars wird vom SAP-System genutzt, um die folgenden Texte zu lesen und an das Dokument zu übergeben:

- Symbole (siehe Abschnitt 5.3.1) und
- Standardtexte (siehe Abschnitt 7.4.5) – aufgerufen mit INCLUDE ohne Angabe der Sprache.

Das bedeutet, dass beispielsweise in einem SAPscript-Formular mit der Sprache EN auch die Symbole und Texte in EN gelesen und an das Dokument übergeben werden. Sollte eines der Objekte nicht in der Sprache EN vorhanden sein, dann wird an dieser Stelle nichts ausgegeben, und es bleiben Felder und Texte auf dem Ausdruck leer.

Im Formular selbst können Sie die Sprache wie folgt beeinflussen:

- Bei Textsymbolen können Sie mit DEFINE eine Variable aus dem Druckprogramm übergeben, welche bereits mit Text in der passenden Sprache gefüllt ist.
- Standardtexte rufen Sie mit INCLUDE und der passenden Sprache auf; die Sprache können Sie auch bereits im Druckprogramm dynamisch setzen und als Variable im Formular nutzen.

- Mit dem Steuerkommando PERFORM rufen Sie ein externes Unterprogramm auf (siehe Abschnitt 7.4.6), um es mit Texten in der passenden Sprache zu füllen.

Eine weitere Möglichkeit ist, dass Sie bereits alle Texte in der richtigen Sprache aus dem Druckprogramm an das Formular übergeben, indem Sie

- Programmsymbole mit den Texten versorgen oder
- Standardtexte mit der passenden Sprache lesen und mit WRITE_FORM_LINES an das Formular übergeben (siehe Abschnitt 2.3.4).

Meine Empfehlung

Legen Sie das Formular in einer Sprache an und nutzen Sie Programmsymbole sowie Standardtexte für alle Texte, welche vom Druckprogramm entsprechend gefüllt und an das Formular übergeben werden. Somit ist die Versorgung der Texte in der richtigen Sprache komplett in das Druckprogramm verlegt.

Wird z. B. der Ausdruck in einer weiteren Sprache benötigt, müssen nur noch die Texte im Druckprogramm und die Standardtexte übersetzt werden – eine Anpassung im Formular ist nicht mehr notwendig.

8.5 Etikettendruck

Ein großes Thema beim Drucken ist für viele Unternehmen der *Etikettendruck*. Gerade das Ausdrucken auf Spezialdruckern wie Thermo(transfer)druckern ist in der Umsetzung etwas aufwendiger, da diese Drucker häufig eine eigene Druckersprache haben. Zudem existieren im SAP-Standard meist keine entsprechenden Druckertreiber, weshalb die Drucker die SAP-Steuerkommandos nicht verstehen.

SAP-Hinweis 135894 »Etikettendruck auf Thermo(transfer)druckern«

Wenn Sie mit einem Spezialdrucker arbeiten, lesen Sie vorab diesen Hinweis durch und schauen Sie, welche Einstellmöglichkeiten sich genau für Ihren Drucker bieten. Folgende Hersteller bieten zum Beispiel mittlerweile eigene Gerätetypen und Druckertreiber für SAP an: Intermec, SATO, Toshiba TEC, Zebra, Carl Valentin.

Sollte es für Ihren Drucker keinen speziellen SAP-Druckertreiber geben, bieten die meisten Hersteller ein spezielles Etikettendesign-Programm für den PC. Mit diesem können Sie prinzipiell wie folgt vorgehen:

1. Etikett mit PC-Programm entwerfen.
2. Download der Druckdatei.
3. Upload der Druckdatei in ein SAPscript-Formular.
4. Einfügen von SAPscript-Variablen in die Druckdatei.
5. Anpassen des Formulars.
6. Erstellen/Upload eines passenden R/3-Gerätetyps.
7. Definition des Ausgabegeräts.

Meist ist es jedoch so, dass es bereits ein altes Etikettendruckprogramm und ein SAPscript-Formular gibt, und von der Fachabteilung kommt die Anforderung, zum Beispiel noch eine weitere Zeile aufzunehmen. Das zuvor verwendete Etikettendesign-PC-Programm existiert evtl. nicht mehr oder ist so alt, dass es nicht mehr auf den neuesten PCs läuft. Was macht man nun?

1. Finden Sie heraus, welches Formular den Ausdruck der Etiketten erzeugt. Dazu können Sie unter anderem den Debugger nutzen, wie in Abschnitt 8.1.1 beschrieben.

2. Besorgen Sie sich das technische Druckerhandbuch mit den entsprechenden Print-Controls zu Ihrem Drucker.

3. Öffnen Sie das Formular mit der Transaktion *SE71*.

4. Rufen Sie die Textelemente auf und suchen Sie das Element, welches die Zeilen für den Spezialdrucker enthält, evtl. wird auch ein Standardtext aufgerufen. Die Druckinformationen für einen ZEBRA-Drucker zum Beispiel würden wie in Listing 8.1 aussehen.

5. Passen Sie die Zeilen für den Spezialdrucker im SAPscript-Formular an; aktivieren und testen Sie.

```
/   ^XA
/   ^DFLAC519-1^FS
/   ^PRC
/   ^LH0,0^FS
/   ^LL456
/   ^MD0
/   ^MNY
/   ^LH132,12^FS
/   ^BY2,2.0^FO745,70^BCB,150,N,Y,N^FR^FN996^FS
/   ^FO408<(>,<)>105^A0N<(>,<)>45<(>,<)>38^CI13^FR^FN999^FS
/   ^FO408<(>,<)>153^A0N<(>,<)>45<(>,<)>38^CI13^FR^FN998^FS
/   ^FO408<(>,<)>287^A0N<(>,<)>45<(>,<)>38^CI13^FR^FN997^FS
/   ^FO408<(>,<)>249^A0N<(>,<)>45,38^CI13^FR^FN996^FS
/   ^FO408<(>,<)>57 ^A0N<(>,<)>45,38^CI13^FR^FN995^FS
/   ^FO408<(>,<)>201^A0N<(>,<)>45,38^CI13^FR^FN994^FS
/   ^FO120<(>,<)>57 ^A0N<(>,<)>45,38^CI13^FR^FDMaterial^FS
/   ^FO120<(>,<)>105^A0N<(>,<)>45,38^CI13^FR^FDBestellung^FS
/   ^FO120<(>,<)>153^A0N<(>,<)>45,38^CI13^FR^FDWE-Datum^FS
/   ^FO120<(>,<)>201^A0N<(>,<)>45,38^CI13^FR^FDWE-Menge ^FS
/   ^FO120<(>,<)>249^A0N<(>,<)>45,38^CI13^FR^FDCharge^FS
/   ^FO120<(>,<)>297^A0N<(>,<)>45,38^CI13^FR^FDBeleg^FS
/   ^XZ
/   ^XA
```

```
/   ^XFLAC519-1.ZPL
/   ^FN999^FD&EKKO-EBELN&^FS
/   ^FN998^FD&MKPF-BUDAT&^FS
/   ^FN997^FD&MKPF-MBLNR&/&MSEG-ZEILE&^FS
/   ^FN996^FD&MSEG-CHARG&^FS
/   ^FN995^FD&MSEG-MATNR&^FS
/   ^FN994^FD&MSEG-MENGE(C)& &MSEG-MEINS&^FS
/   ^XZ
/   ^FX End of job
```

Listing 8.1: ZEBRA-Print-Controls

Druckerhandbuch

Im Prinzip sind alle Druckersprachen ähnlich aufgebaut – aber halt nur ähnlich. Entsprechend ist es notwendig, genau zu wissen, was mit welchem Befehl gemeint ist, um eine sinnvolle Änderung vornehmen zu können.

Besorgen Sie sich das Druckerhandbuch. Fragen Sie bei der SAP-Basis nach oder rufen Sie einfach beim Hersteller des Druckers an. Über das Internet findet man meistens eine Hotline, und ich hatte bisher nie Probleme, dort das für meinen Fall passende technische Handbuch mit den Print-Controls zu bekommen.

8.6 Grafikverwaltung

Einer der wichtigsten Punkte, den es bei der Erstellung eines Dokuments zu beachten gilt, ist seit vielen Jahren das Corporate Design (CD). Alle Dokumente, die aus einem Unternehmen verschickt werden – sei es an einen Kunden, Lieferanten, Interessenten oder eine Finanzbehörde –, sollen vom Layout her identisch aussehen. Vor allem das Firmenlogo muss nach genauen Vorgaben – natürlich in Farbe – angedruckt werden. Früher wurde dafür tonnenweise vorgedrucktes

Briefpapier verwendet, in der heutigen Zeit wird das CD direkt in das Formular aufgenommen.

Sie haben die Möglichkeit, Logos, aber auch komplette Texte, wie zum Beispiel Einkaufsbedingungen oder Allgemeine Geschäftsbedingungen, als Grafik zu hinterlegen und an passender Stelle über das Formular auszugeben.

Importieren können Sie Grafiken mit der Transaktion *SE78*. Seit dem SAP Release 4.6 werden die Grafiken auf dem Dokumentenserver als *.tif- oder *.bmp-Dateien abgelegt, davor wurden sie vom SAP-System umgewandelt und als Standardtext abgelegt, was mittlerweile obsolet ist.

Grafiken in Smart Forms und PDF-basierten Druckprogrammen

Die über die SAPscript-Grafikverwaltung angelegten Grafiken können in Smart Forms verwendet werden, jedoch nicht in PDF-basierten Druckformularen.

Um eine Grafik in ein SAPscript-Formular einzubinden,

- rufen Sie das entsprechende Formular über den Form Painter mit der Transaktion *SE71* auf,
- wechseln in die Ansicht der Fenster bzw. Seitenfenster,
- markieren das gewünschte Fenster und
- rufen die Textelemente dazu auf.
- Über Einbinden • Grafik... wird die Grafik in das Fenster eingefügt.

Die eingebundene Grafik wird mit dem Steuerkommando BITMAP im Textelement angezeigt.

```
/:.BITMAP name OBJECT GRAPHICS ID BMAP TYPE BCOL
```

Fazit

SAPscript, die Ur-Großmutter der Formulargestaltung im SAP, kann auch zukünftig unter S/4HANA genutzt werden. Natürlich wird es immer weniger SAPscript-Formulare geben, denn Neuentwicklungen werden direkt in den neuesten Technologien umgesetzt, und bei jeder Umstellung werden »alte« SAPscript-Formulare verschwinden. Bis jedoch alle Formulare umgestellt und erneuert sind, werden immer wieder Berater und Entwickler benötigt, die sich mit SAPscript auskennen.

Wenn Sie online mit mir zusammen die Beispiele durchgespielt oder sich die Videos dazu angesehen haben, sollten Sie nun in der Lage sein,

- eigenständig einfache SAPscript-Formulare zu erstellen,
- bestehende SAPscript-Formulare anzupassen oder
- konkrete Informationen bzgl. Anpassungen bzw. Umstellungen an einen Entwickler zu geben.

Ich wünsche Ihnen dabei viel Spaß.

A Lösungen Kurzquiz

Sie haben zur Festigung Ihres Wissens am Ende jedes Kapitels ein paar Fragen im Selbsttest beantwortet. Hier können Sie kontrollieren, ob Sie immer richtig gelegen haben.

Kapitel 2 (Abschnitt 2.4):

1a, 2b, 3a, 4c

Kapitel 3 (Abschnitt 3.4):

1c, 2b, 3a, 4b

Kapitel 4 (Abschnitt 4.4):

1b, 2c, 3b

Kapitel 5 (Abschnitt 5.4):

1a, 2a, b, c, d, 3c

Kapitel 6 (Abschnitt 6.4):

1b, 2a, 3b

Kapitel 7 (Abschnitt 7.5):

1b, 2a, 3b

Sie haben das Buch gelesen und sind mit unserem Werk zufrieden? Bitte schreiben Sie uns eine Rezension!

Unser Newsletter

Bleiben Sie stets informiert!

Aktuelle Neuerscheinungen und exklusive Rabattaktionen einmal im Monat per Mail direkt an Sie:

Melden Sie sich noch heute an unter *http://newsletter.espresso-tutorials.de*.

B Die Autorin

Corinna Zollmann hat sich, nach einer Ausbildung zur Datenverarbeitungskauffrau und der Tätigkeit als SAP-Inhouse-Consultant, bereits 1998 selbständig gemacht.

Sie ist tätig als SAP-Beraterin und -Entwicklerin im Logistik-Bereich mit Schwerpunkt Qualitätsmanagement. Ihre Stärken liegen in der konzeptionellen Analyse – von der Projektdefinition bis hin zur Umsetzung und Nachbetreuung. Dies gilt, aufgrund ihrer tiefgehenden und langjährigen Entwicklungserfahrung, auch für die technische Realisierung von notwendigen Eigenentwicklungen im SAP-Umfeld.

C Index

T

V

Z

D Disclaimer

Die in diesem Werk wiedergegebenen Gebrauchsnamen, Handelsnamen, Warenbezeichnungen usw. können auch ohne besondere Kennzeichnung Marken sein und als solche den gesetzlichen Bestimmungen unterliegen. Sämtliche in diesem Werk abgedruckten Bildschirmabzüge unterliegen dem Urheberrecht der SAP SE, Dietmar-Hopp-Allee 16, 69190 Walldorf.

In dieser Publikation wird auf Produkte der SAP SE Bezug genommen. SAP, R/3, SAP NetWeaver, Duet, PartnerEdge, ByDesign, SAP BusinessObjects Explorer, StreamWork und weitere im Text erwähnte SAP-Produkte und -Dienstleistungen sowie die entsprechenden Logos sind Marken oder eingetragene Marken der SAP SE in Deutschland und anderen Ländern. Business Objects und das Business-Objects-Logo, BusinessObjects, Crystal Reports, Crystal Decisions, Web Intelligence, Xcelsius und andere im Text erwähnte Business-Objects-Produkte und -Dienstleistungen sowie die entsprechenden Logos sind Marken oder eingetragene Marken der Business Objects Software Ltd. Business Objects ist ein Unternehmen der SAP SE. Sybase und Adaptive Server, iAnywhere, Sybase 365, SQL Anywhere und weitere im Text erwähnte Sybase-Produkte und -Dienstleistungen sowie die entsprechenden Logos sind Marken oder eingetragene Marken der Sybase Inc. Sybase ist ein Unternehmen der SAP SE. Alle anderen Namen von Produkten und Dienstleistungen sind Marken der jeweiligen Firmen. Die Angaben im Text sind unverbindlich und dienen lediglich zu Informationszwecken. Produkte können länderspezifische Unterschiede aufweisen.

Der SAP-Konzern übernimmt keinerlei Haftung oder Garantie für Fehler oder Unvollständigkeiten in dieser Publikation. Der SAP-Konzern steht lediglich für SAP-Produkte und -Dienstleistungen nach der Maßgabe ein, die in der Vereinbarung über die jeweiligen Produkte und Dienstleistungen ausdrücklich geregelt ist. Aus den in dieser Publikation enthaltenen Informationen ergibt sich keine weiterführende Haftung.

Weitere Bücher von Espresso Tutorials

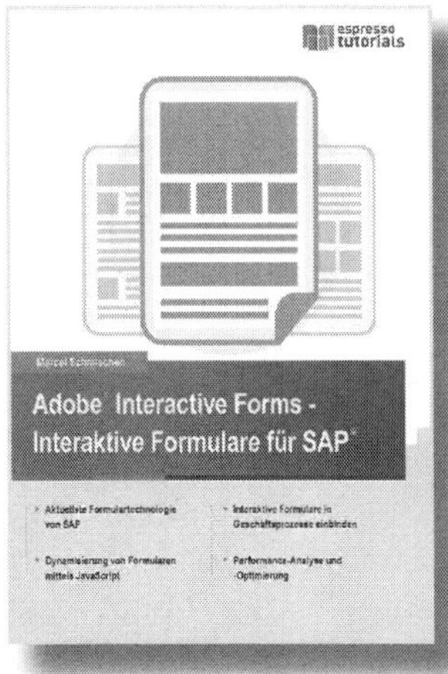

Marcel Schmiechen:

Adobe Interactive Forms – Interaktive Formulare in SAP

- Aktuellste Formulartechnologie von SAP
- Interaktive Formulare in Geschäftsprozesse einbinden
- Dynamisierung von Formularen mittels JavaScript
- Performance-Analyse und -Optimierung

http://5125.espresso-tutorials.de

Ulrich Bähr, Axel Treusch:

Praxisbuch SAP Interactive Forms und Adobe LiveCycle Designer

- Adobe-Produktwelt und PDF-Typen verstehen
- Grafische und Eingabeobjekte – die Bausteine eines Formulars
- XDP-Templates anlegen, einrichten, ex- und importieren
- Effektiv arbeiten durch Wiederverwendung

http://5158.espresso-tutorials.de